図解

都市農地の
特例活用と
相続対策

四訂版

税理士 今仲 清・税理士 下地 盛栄

清文社

改訂４版にあたって

　三大都市圏の市街化区域における宅地並み課税導入に伴う、生産緑地指定は平成４年（1992年）に行われました。東京、大阪、名古屋の三大都市圏の特定市の市街化区域内農地のうち約３分の１が生産緑地を選択し、約３分の２が宅地化を選択されました。

　平成４年から平成５年にかけて対象地域では、雨後の筍のように青空駐車場が出現しましたが、一挙に出来すぎたために空き状態の青空駐車場では高くなった固定資産税を払いきれない状況となり、そのあとは相続税対策を兼ねた賃貸住宅建築ブームとなりました。

　平成４年に指定を受けた生産緑地はこれまでに耕作者である農地所有者が死亡または病気等による故障とならない限り生産緑地の買取請求を経て転売・転用が自由になることはありませんでした。平成４年に指定を受けた生産緑地は、指定から30年経過する平成34年（2022年）から買取請求が自由にできることとなり、三大都市圏の特定市における約13,400ヘクタールの農地が一斉に宅地化される可能性があります。

　2020年の東京オリンピック終了直後ということもあり、地価が弱含んでいる可能性が高いタイミングで三大都市圏において13,400ヘクタールの農地が一斉に宅地化されると地価下落のリスクが一層高まることになります。そこで、政府は都市農地（生産緑地）を「宅地化すべきもの」から「都市にあるべきもの」に180度転換することを平成28年（2016年）５月に閣議決定し、その方針に従った都市農地振興基本法の制定、農地法改正を含む「都市緑地法等の一部改正法」、「都市農地の貸借の円滑化に関する法律」を制定しました。

　30年経過した生産緑地を特定生産緑地という新しい制度に移行することができ、これを定められた条件で第三者に貸しても相続税の納税猶予の適用を受けることができる画期的な改正です。都市農地所有者の方々は2022年までに生産緑地を将来どのように利用し、有効活用するのか決めなければなりません。

　TPP締結など農業を取り巻く環境は厳しさを増すばかりです。一方日本において都市近郊農地が果たす役割には非常に大きなものがあり、今後ますますその重要性は増すものと思われます。これとは裏腹に農業の後継者が少なくなっている現実があるのも事実です。どのような形で農地を引き継いでいくのか本当に難しい選択です。

　本書がその選択を行う際のよりどころの一つとして役立つことができれば著者一同幸せに存じます。

　平成30年12月吉日

税理士　今仲　　清

税理士　下地盛栄

はじめに（初版）

　平成３年の生産緑地法、相続税の納税猶予制度の改正、固定資産税の長期営農継続農地制度の廃止は、三大都市圏における農地所有者や耕作権者に大変な影響を与えました。

　その後も借地借家法改正による定期借地権制度、定期借家権制度の導入、介護保険導入に伴う高齢者向け施設の普及、都市計画法改正に伴う市街化調整区域の市街化区域編入や都市計画区域の大幅変更、地方分権の流れでの市町村合併とそれに伴う固定資産税課税の強化など、相次ぐ法改正で農地を取り巻く環境はめまぐるしく変化しています。特に、平成16年６月の「農業基盤強化促進法」の改正は、ここ数年強化されてきた農地の肥培管理についての監視をより一層厳しくするものと思われます。このことは、固定資産税の税負担と相続税の納税猶予制度の適用の有無に大きな影響を与えることになります。

　本書は、農地とは？ から始まって、農地に関わる税金の基本とその応用、生産緑地制度の概要と税金との関わり、市町村合併や都市計画区域の変更に伴う税の取扱いとその対応策、相続発生時の農地についての生産緑地を継続するか否かの判断基準、相続税の納税猶予制度の選択の有利・不利、農地を宅地転用した後の有効活用と税金をまとめています。

　農業後継者が不足している中、農業基盤強化促進法は農業の大規模化と法人による農業経営に大きく舵を切りました。すべての人間が生きてゆくために必要な新鮮でみずみずしい作物を丹精込めて作り、多くの人々を守るために農業を続けていくことはすばらしいことです。時代の変化と共に農業の形態は変化するでしょうが、このことは将来も変わることがありません。

　一方、農地を転用して大規模商業施設や集合住宅として活用され、多くの人々が集い、暮らしてゆくそのための敷地として利用していくことも、地域の人々への重要なお役立ちといえます。いずれの道を歩むにしても、皆様が先祖から受け継いでこられた農地を次の代に着実に引き継ぎ、守り、活用する、本書がそのお役に立つことができれば著者一同望外の幸せです。

　　平成17年７月吉日

　　　　　　　　　　　　　　　　　　　　　　　　　　税理士　今仲　　清
　　　　　　　　　　　　　　　　　　　　　　　　　　税理士　下地盛栄

目　次

第1章　生産緑地2022年問題とその対応策

1-1 生産緑地2022年問題とは …………………………………… 2

1-2 2022年問題への対応に必要な知識 ………………………… 4

1-3 都市緑地法等と生産緑地制度の改正 ……………………… 6

1-4 特定生産緑地制度の創設 …………………………………… 8

1-5 田園住居地域の創設 ………………………………………… 10

1-6 2022年に向けた都市農地税制の大改正〜平成30年度税制改正〜 … 12

1-7 原則として貸付け農地は相続税の納税猶予対象外 ……… 14

1-8 市街化区域内の農地を貸すことは困難だった …………… 16

1-9 市街化区域内の農地に貸付制度が創設 …………………… 18

1-10 生産緑地を貸し付けた場合の相続税の納税猶予適用 …… 20

1-11 都市農地の貸付特例の場合の猶予税額の免除の取扱い … 22

1-12 2022年に向けた選択肢 ……………………………………… 24

第2章　農地の概要

2-1 農地とは何か？ ……………………………………………… 26

2-2 農地認定の幅が広くなった ………………………………… 28

2-3 農地の権利移動や転用には原則的に制限がある ………… 30

2-4 農業委員会の仕組みと役割 ………………………………… 32

2-5 都市計画区域と農地の評価区分の関係 …………………… 34

第3章　生産緑地制度

3-1 三大都市圏の特定市における農地 ………………………… 36

3-2 三大都市圏の特定市の範囲 ………………………………… 38

3-3 生産緑地という農地はない？ ……………………………… 40

3-4 生産緑地地区の制度の仕組み ……………………………… 42

3-5 生産緑地指定の手続 ··· 44

3-6 生産緑地に対する行政及び所有者等の管理義務 ················ 46

3-7 生産緑地の行為制限と原状回復 ································· 48

3-8 生産緑地の税務上の特典 ·· 50

3-9 主たる従事者と買取りの申出 ··································· 52

3-10 「主たる従事者」という名称が混乱を招く ·················· 54

3-11 「買取りの申出」=「買取申請」 ···························· 56

3-12 生産緑地法第10条 ··· 58

3-13 買取申出書の書き方 ··· 60

3-14 買取り申出で行政が買い取る場合の手続 ··················· 62

3-15 行政が買い取らない場合の手続 ····························· 64

3-16 行政によって違う買取り申出への対応 ······················ 66

3-17 生産緑地の追加指定 ··· 68

3-18 生産緑地の買取り希望の申出 ································· 70

第4章　生産緑地と固定資産税

4-1 農地にかかる固定資産税は宅地より安い ······················ 72

4-2 市街化区域内農地にかかる固定資産税は宅地の3分の1 ········ 74

4-3 生産緑地にかかる固定資産税 ··································· 76

第5章　農地等に係る納税猶予制度

5-1 農地等に係る贈与税納税猶予制度の変遷 ······················ 78

5-2 平成21・26年における贈与税の納税猶予制度改正 ············· 80

5-3 農地等の生前一括贈与制度の概要 ····························· 82

5-4 農地等に係る相続税の納税猶予制度の沿革 ···················· 84

5-5 平成21・26・30年における相続税の納税猶予制度改正 ········· 86

5-6 農地等に係る相続税の納税猶予制度の概要 ···················· 88

5-7 贈与税及び相続税の納税猶予の関係 ··························· 90

5-8 生産緑地制度と相続税の納税猶予制度 ························· 92

5-9 平成3年1月1日において特定市に該当しない地域における

相続税の納税猶予制度 ‥‥‥‥‥‥‥‥‥‥‥‥‥‥‥‥‥‥‥‥ 94

5-10 平成3年1月1日現在の特定市における生産緑地と納税猶予制度 ‥‥‥‥ 96

5-11 特定市の市街化区域内における営農義務は終身営農！ ‥‥‥‥‥‥‥ 98

5-12 相続税(贈与税)の納税猶予期限の確定事由等① ‥‥‥‥‥‥‥‥‥ 100

5-13 相続税(贈与税)の納税猶予期限の確定事由等② ‥‥‥‥‥‥‥‥‥ 102

5-14 遡り課税の怖さ！！ ‥‥‥‥‥‥‥‥‥‥‥‥‥‥‥‥‥‥‥‥‥ 104

5-15 納税猶予を任意に取りやめる場合 ‥‥‥‥‥‥‥‥‥‥‥‥‥‥‥ 106

5-16 相続税納税猶予の任意取りやめの具体的事例 ‥‥‥‥‥‥‥‥‥‥ 108

5-17 農業投資価格及び相続税納税猶予額の計算 ‥‥‥‥‥‥‥‥‥‥‥ 110

5-18 相続税の納税猶予制度における継続届出書の提出義務 ‥‥‥‥‥‥ 112

5-19 相続税の納税猶予を受けるための手続 ‥‥‥‥‥‥‥‥‥‥‥‥‥ 116

5-20 相続税評価上の生産緑地の評価減と買取申請との関係 ‥‥‥‥‥‥ 118

5-21 納税猶予制度の対象となる農地等にはどのようなものがあるか ‥‥‥ 120

第6章 ケーススタディ

6-1 特例農地等を保有する農家だけが相続税をゼロにできる！ ‥‥‥‥‥ 122

6-2 生産緑地の「売却」「物納」「延納」の関係 ‥‥‥‥‥‥‥‥‥‥‥ 124

6-3 特定市における相続税の猶予制度の受け方 ‥‥‥‥‥‥‥‥‥‥‥ 126

6-4 相続発生は土地売却のチャンス！ ‥‥‥‥‥‥‥‥‥‥‥‥‥‥‥ 128

第7章 相続税申告時・生産緑地継続か解除か

7-1 生産緑地所有者に相続発生‥‥‥‥継続・解除でどうなる ‥‥‥‥‥‥ 130

7-2 相続発生時に生産緑地を継続するか解除するか ‥‥‥‥‥‥‥‥‥ 132

7-3 いったん配偶者が相続して納税猶予を受けることも ‥‥‥‥‥‥‥‥ 134

7-4 一部生産緑地継続で納税猶予適用、一部生産緑地解除で有効活用 ‥‥‥ 136

目次-3

第8章 調整農地の市街化編入──生産緑地指定か？宅地化選択か？

8-1 平成13年都市計画法改正で都市計画決定が都道府県に ……………… *138*

8-2 調整区域の市街化編入でこんなに相続税評価が上昇 …………………… *140*

8-3 納税猶予適用中の場合（平成3年12月31日以前の相続開始） ……… *142*

8-4 納税猶予適用中の調整農地が市街化区域に編入された場合

（平成3年12月31日以前の相続開始） ………………………………… *144*

8-5 平成4年1月1日以後の相続開始の三大都市圏特定市街化区域農地 ……… *146*

8-6 調整農地の市街化編入があった場合（平成4年1月1日以後の相続開始） … *148*

8-7 次の相続税対策を考え、有効活用で安定収入なら生産緑地解除 ……… *150*

8-8 小作農地と相続税の納税猶予 ……………………………………………… *152*

8-9 小作農地を解消しないと相続の時に大変なことに ……………………… *154*

8-10 調整区域の小作農地は市街化編入でも生産緑地の指定を受けない？ ……… *156*

第9章 小作地解消の具体的手続

9-1 耕作権と底地を交換する ………………………………………………… *158*

9-2 耕作権解消の手順と留意点 ……………………………………………… *160*

9-3 交換で税金がかからないようにするためには申告が必要 …………… *162*

第10章 土地有効活用による税務上のメリット

10-1 住宅用地にかかる固定資産税は宅地の6分の1 ……………………… *170*

10-2 賃貸集合住宅の駐車場が住宅用地になる？ならない？ ……………… *172*

10-3 新築貸家建物にかかる固定資産税についても一定の条件で軽減特例がある *174*

10-4 土地一部売却資金で生産緑地解除地の有効活用（事業用資産の買換え活用） *176*

10-5 事業用資産になる場合、ならない場合 ………………………………… *178*

10-6 農地を売却して水田を畑にすることや農業用倉庫を建てても買換え適用 … *180*

10-7 買換え資産は前年中に先に買っても翌年でもよい …………………… *182*

10-8 相続税額引下げ効果と収入確保効果 …………………………………… *184*

10-9 特定の事業用資産の買換え特例は課税の繰延べ ……………………… *186*

10-10 居宅・賃貸住宅併用で小規模宅地の評価減額を上手に利用 …………… *188*

10-11 特定事業用宅地等の大きな評価減額を活用する ………………………… *190*

10-12 定期借地権で土地を貸すと長期安定収入とともに土地評価が下がる …… *192*

10-13 収入分散による相続財産の減少メリット ………………………………… *194*

10-14 会社活用は長期収入分散の方法としてよい ……………………………… *196*

10-15 会社が賃貸建物を取得する場合の地代の決め方 ………………………… *198*

10-16 賃貸物件の取得で消費税の還付を受けることができる場合も ………… *200*

10-17 消費税の還付を受けるには様々な条件がある …………………………… *202*

10-18 還付を受けても3年間は注意 ……………………………………………… *204*

10-19 個別対応か？一括比例配分か？よく検討する …………………………… *206*

※本書の内容は、平成30年12月現在の法令・通達等によっています。
　本書では、適用期間等につき原則として法令に基づき和暦で表示しています。2019年（平成31年）5月以後は元号が変わりますので、適宜読替えをお願いします。
※なお、様式については変更される場合がありますのでご注意ください。

〔執筆担当章〕

第1章	生産緑地2022年問題とその対応策	今仲　清
第2章	農地の概要	下地盛栄
第3章	生産緑地制度	下地盛栄
第4章	生産緑地と固定資産税	今仲　清
第5章	農地等に係る納税猶予制度	下地盛栄
第6章	ケーススタディ	下地盛栄
第7章	相続税申告時・生産緑地継続か解除か	今仲　清
第8章	調整農地の市街化編入	今仲　清
第9章	小作地解消の具体的手続	今仲　清
第10章	土地有効活用による税務上のメリット	今仲　清

図解 都市農地の特例活用と相続対策 四訂版

- 第1章　生産緑地2022年問題とその対応策
- 第2章　農地の概要
- 第3章　生産緑地制度
- 第4章　生産緑地と固定資産税
- 第5章　農地等に係る納税猶予制度
- 第6章　ケーススタディ
- 第7章　相続税申告時・生産緑地継続か解除か
- 第8章　調整農地の市街化編入
- 第9章　小作地解消の具体的手続
- 第10章　土地有効活用による税務上のメリット

第1章　生産緑地2022年問題とその対応策

1-1　生産緑地2022年問題とは

　平成4年に三大都市圏の特定市における生産緑地の指定が開始され、26年以上が経過しました。平成4年に指定された生産緑地は、平成34年（2022年）になると、つまり、あと3年余りで生産緑地の買取り申出が可能になります。この生産緑地の所有者が一斉に自治体に買取り申出を行うと、その大半が宅地として市場に放出され、宅地化が急速に進むことや、転用された土地に隣接する農地の営農継続に支障が出ることなどが懸念されるというのが、都市農地の2022年問題です。

1　2022年に生産緑地は一斉に買取りの申出？

　平成4年に三大都市圏の特定市において指定された生産緑地は、主たる従事者に「死亡」又は「故障」が生じなければ、平成34年（2022年）以後にならないと買取りの申出をすることができず、結果的に自由に譲渡や有効活用などをすることができません。逆に、今の法律のままですと、平成34年（2022年）以後、三大都市圏の特定市の生産緑地について一斉に買取りの申出がされ、都市農地が急速に宅地化する可能性がありました。

2　東京オリンピック終了後、都市部で大量に宅地が供給されると地価下落？

　2020年の東京オリンピック開催やインバウンドによる外国人観光客の大幅増加により都心部の地価が高騰していますが、東京オリンピック開催直前ごろから地価が下落する可能性が指摘されています。万一そうなれば、その2年後の2022年には生産緑地の買取りの申出が自由にできるようになり、結果として都心部に宅地が大量に供給されることになります。

　そうならないようにするため、次のような法改正が行われました。

3　都市農地は宅地化すべきものから都市にあるべきものに

　平成27年4月16日に「都市農業振興基本法」が成立し、都市農業の振興に関する基本理念として、①都市農業の多様な機能の適切かつ十分な発揮と都市農地の有効な活用及び適正な保全が図られるべきこと、②良好な市街地形成における農との共存が図られるべきこと、③国民の理解の下に施策が推進されるべきことが明らかにされました。

　これにより必要な法制上、財政上、税制上、金融上の措置を講じるよう求められ、平成28年5月13日に「都市農業振興基本計画」が閣議決定されました。都市農業振興基本計画では、都市農地は、これまでの「宅地化すべきもの」から都市に「あるべきもの」へと明確に変更されました。そして、平成29年4月28日に「都市緑地法等の一部を改正する法律」が成立しました。さらに、平成30年度税制改正により、税制面の整備が行われるとともに、平成30年6月20日に「都市農地の貸借の円滑化に関する法律」が成立しました。これらの政策が2022年の生産緑地の一斉買取り申出に備えたものであることは明らかでしょう。

第1章◆生産緑地2022年問題とその対応策

■三大都市圏の特定市における市街化区域内農地面積の推移

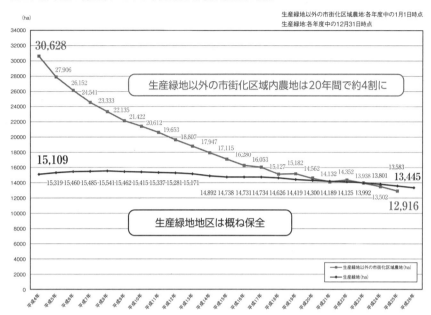

(出典)生産緑地以外の市街化区域農地:総務省「固定資産の価格等の概要調書」
生産緑地:国土交通省調べ

生産緑地指定から30年経過に向けた法改正

1992年(平成4年)以後
三大都市圏特定市市街化区域　「生産緑地」指定開始

↓

2015年(平成27年)4月16日
「都市農業振興基本法」　成立

2016年(平成28年)5月13日
「都市農業振興基本計画」　閣議決定

2017年(平成29年)4月28日
「都市緑地法等の一部改正法」　成立

2017年(平成29年)6月15日
「都市緑地法等の一部改正法」　一部施行

2018年(平成30年)3月28日
「平成30年度税制改正」　成立

2018年(平成30年)4月1日
「都市緑地法等の一部改正法」　完全施行

2018年(平成30年)6月20日
「都市農地の貸借の円滑化に関する法律」　成立

2022年(平成34年)以後
指定後30年経過により、生産緑地の買取り申出が可能に!

3

1-2 2022年問題への対応に必要な知識

2022年問題の解消に向け、生産緑地法などの改正が行われています（5〜7ページ参照）。30年経過を迎える生産緑地については、「特定生産緑地制度」（8ページ）が創設されており、生産緑地の所有者は、その内容を十分把握しておく必要があります。

1 特定生産緑地については今から十分に研究を

30年経過を迎える生産緑地について特定生産緑地の指定を受けるための意向調査が行われるのは2021年秋です。それまでに十分研究して2021年秋までに決めればいいのですが、生産緑地を所有している方が死亡した場合には、死亡から10か月後の相続税の申告の際に相続税の納税猶予の適用を受けるかどうかを決めなければなりません。

なお、生産緑地の指定面積の多い「市」においては、国の方針もあり、2019年（平成31年）から特定生産緑地の指定のための手続を開始しています。相続はいつ起こるか誰にもわからないのですから、2021年になってから考えるのではなく、今から十分に研究して万一のときにも慌てないようにしておきたいものです。

2 選択に向けて知っておかねばならないこと

相続税の納税猶予の適用を受けるかどうかを決めるためには、次のようなことを知っておかないと適切な判断ができないでしょう。

① 特定生産緑地制度のしくみと生産緑地のままであったときの取扱い
② 相続税の納税猶予を受けた場合と受けなかった場合の相続税額の違い
③ 特定生産緑地を選択した場合と選択しなかった場合の毎年の固定資産税の違い
④ 相続税の納税猶予の適用を受けた者が将来死亡したときに相続税の納税猶予の適用ができるのかどうか
⑤ 新しくできる市民農園に生産緑地を貸すと固定資産税と相続税の納税猶予はどうなるのか
⑥ 生産緑地である農地を他人に貸して期限がきたときに返還してもらえるのか
⑦ 相続税を安くするための相続税対策と収入確保のための有効活用はできるのか

3 主な改正の項目

① 都市緑地法の緑地に農地が含まれることに
② 生産緑地の最低面積を市町村が条例で300㎡以上にすることが可能に
③ 生産緑地の運用改善
④ 生産緑地地区に農産物加工所、直売所、農家レストランなどの設置が可能に
⑤ 特定生産緑地制度が創設
⑥ 特定農地貸付法による市民農園開設が可能に

第1章◆生産緑地2022年問題とその対応策

「都市緑地法等の一部を改正する法律」の概要 （国土交通省ホームページより）

都市公園の再生・活性化

都市公園法等

○都市公園で**保育所等の設置を可能に**（国家戦略特区特例の一般措置化）
○民間事業者による**公共還元型の収益施設の設置管理制度の創設**
　－収益施設（カフェ、レストラン等）の設置管理者を民間事業者から**公募選定**
　－設置管理許可期間の延伸（10年→20年）、建蔽率の緩和等
　－民間事業者が広場整備等の公園リニューアルを併せて実施

（予算）広場等の整備に対する資金貸付け
【**都市開発資金の貸付けに関する法律**】
（予算）広場等の整備に対する補助

▲芝生空間とカフェテラスが一体的に整備された公園（イメージ）

○公園内の**PFI事業に係る設置管理許可期間の延伸**（10年→30年）
○公園の活性化に関する協議会の設置

緑地・広場の創出

都市緑地法

○民間による市民緑地の整備を促す制度の創設
　－市民緑地の設置管理計画を市区町村長が認定

（税）固定資産税等の軽減
（予算）施設整備等に対する補助

○緑の担い手として民間主体を指定する制度の拡充
　－緑地管理機構の指定権者を知事から市区町村長に変更、指定対象にまちづくり会社等を追加

▲市民緑地（イメージ）

都市農地の保全・活用

生産緑地法、都市計画法、建築基準法

○生産緑地地区の一律500㎡の面積要件を市区町村が条例で引下げ可能に（300㎡を下限）

（税）現行の税制特例を適用

○生産緑地地区内で**直売所、農家レストラン等の設置を可能に**

▲市街地に残る小規模な農地での収穫体験の様子

○新たな用途地域の類型として**田園住居地域を創設**（地域特性に応じた建築規制、農地の開発規制）

地域の公園緑地政策全体のマスタープランの充実

市区町村が策定する「**緑の基本計画**」（緑のマスタープラン）の記載事項を拡充　**都市緑地法**
　－都市公園の管理の方針、農地を緑地として政策に組み込み

5

1-3 都市緑地法等と生産緑地制度の改正

　都市における緑地の保全及び緑化並びに都市公園の適切な管理を一層推進するとともに、都市内の農地の計画的な保全を図ることにより、良好な都市環境の形成に資するため、平成29年4月28日に「都市緑地法等の一部を改正する法律」が成立しました。都市緑地法のほか、生産緑地法など複数の法律が改正されています。改正法は、平成29年6月15日（一部の規定は平成30年4月1日）から施行されています。

1 都市緑地法の緑地に農地が含まれることに

　都市には緑が必要であり、これを整備するために緑地保全・緑化推進法人（みどり法人）の指定権限者を知事から市区町村長に変更するとともに、市民緑地認定制度が創設され、緑地に農地が含まれることが明確にされました。

　市区町村長が「緑のマスタープラン」を策定し、都市公園の管理方針や農地を緑地として政策に組み込むことができるように改正されました。農地には当然「生産緑地」が含まれ、生産緑地を市民緑地としてみどり法人に無償で貸与することを市区町村長が決めることができます。

2 生産緑地の最低面積を市区町村が条例で300㎡とすることが可能に

　500㎡とされていた生産緑地の指定最低限の面積について、市町村が条例で300㎡とすることができるようになりました。また、この場合でも従来どおり固定資産税等の農地課税及び相続税・贈与税の農地の納税猶予制度の適用が可能になるよう税制改正が行われました。

　これによって、500㎡に満たない市街化区域農地を所有する隣り合った農地の所有者が500㎡以上になるように共同で生産緑地申請をしていて、一方に相続が発生して、その相続人が買取りの申出をしたことによって、もう一方の農地までもが生産緑地を解除される事態となるような、いわゆる道連れ解除のようなことは少なくなるものと考えられます。

3 生産緑地の運用改善

　これまでは隣接している面積を合計して500㎡以上の面積でなければ生産緑地の指定を受けることができませんでしたが、500㎡を300㎡に引き下げることが可能となると同時に、市町村が定めた同一又は隣接する街区内に複数の農地がある場合、一団の農地とみなして生産緑地の指定をすることが可能となりました。もっとも、300㎡に引き下げるのは市町村議会において条例で定められないといけませんし、同一又は隣接する街区の設定は各市町村によって定められることになります。

4 生産緑地地区内に農産物加工所、直売所、農家レストランなどの設置が可能に

　生産緑地に農産物加工所、直売所、農家レストランなどの設置が可能になります。都市計画法に新たに田園住居地域が設けられ、その中の生産緑地にこれら農産物加工所、直売所、農家レストランなどを設置することも可能になります。

第1章◆生産緑地2022年問題とその対応策

5 特定生産緑地制度が創設（平成30年4月1日施行）

指定から30年経過が近く到来する生産緑地について、その経過した日（申出基準日）から10年経過日を新たな期限とする「特定生産緑地」の指定を受けることができることとされました。特定生産緑地の10年の期限が到来する場合に、再指定を受けることも可能となります。（次ページ参照）

■道連れ解除

■みどり法人制度の拡充の概要

	改 正 前	改 正 後
名　　称	緑地管理機構	緑地保全・緑化推進法人（みどり法人）
指定権者	都道府県知事	市区町村長
指定対象	・一般社団法人 ・一般財団法人 ・NPO法人	・一般社団法人 ・一般財団法人 ・NPO法人 ・その他の非営利法人 (例：認可地縁団体) ・都市の緑地の保全及び緑化の推進を目的とする会社 (例：まちづくり会社)

■創設された市民緑地認定制度とは

概　　要	民有地を地域住民の利用に供する緑地として設置・管理する者が、設置管理計画を作成し、市区町村長の認定を受けて、一定期間当該緑地を設置・管理・活用する制度
対象要件	○対象区域：緑化地域又は緑化重点地区内 ○設置管理主体：民間主体（NPO法人、住民団体、企業等）
認定基準	○周辺地域で良好な都市環境の形成に必要な緑地が不足 ○面積：300㎡以上　○緑化率：20%以上　○設置管理期間：5年以上　等

■制度のフロー

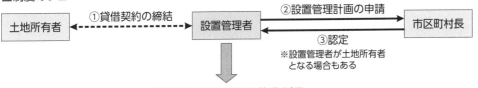

1-4 特定生産緑地制度の創設

　指定から30年経過した生産緑地については、「特定生産緑地」として10年経過ごとに延長するか指定を解除するか選択できることになりました。特定生産緑地の指定をした農地については、10年の期間が経過するまでの間は主たる営農者が死亡するかケガや病気で故障として認定されない限り特定生産緑地の解除をすることができません。

1 特定生産緑地の指定

　市町村長は、申出基準日（生産緑地の指定から30年経過した日）が近く到来することとなる生産緑地のうち、その周辺の地域における公園、緑地その他の公共空地の整備の状況及び土地利用の状況を勘案して、申出基準日以後においてもその保全を確実に行うことが良好な都市環境の形成を図る上で特に有効であると認められるものを、「特定生産緑地」として指定することができます。

　なお、特定生産緑地の指定は、申出基準日までに行うものとされています。また、その指定の期限は、「申出基準日から起算して10年を経過する日」となります。

　指定の際は、あらかじめ所有者の意向を確認した上で、生産緑地に係る農地等利害関係人の同意を得るとともに、市町村都市計画審議会の意見を聴かなければなりません。

　市町村長は、指定をしたときは、その特定生産緑地を公示するとともに、その旨をその特定生産緑地に係る農地等利害関係人に通知しなければなりません。

2 特定生産緑地の指定の期限の延長

　市町村長は、申出基準日から起算して10年を経過する日が近く到来することとなる特定生産緑地について期限後においても指定を継続する必要があると認めるときは、その指定の期限を延長することができます。その延長に係る期限が経過する日以後においても更に指定を継続する必要があると認めるときも、同様に延長することができます（再延長）。

　期限の延長は、申出基準日から起算して10年を経過する日（「指定期限日」といいます。）までに行うものとし、その延長後の期限は、その指定期限日から起算して10年を経過する日となります。

3 特定生産緑地の指定の提案

　生産緑地所有者は、生産緑地が1に規定する生産緑地に該当すると思われるときは、市町村長に対し、その生産緑地を特定生産緑地として指定することを提案することができます。なお、生産緑地所有者以外の農地等利害関係人がいるときは、あらかじめ、その全員の合意が必要です。市町村長は、その提案に係る生産緑地について指定をしないこととしたときは、遅滞なく、その旨及びその理由の提案者への通知が必要です。

4 指定の解除

　市町村長は、特定生産緑地について、その周辺の地域における公園、緑地その他の公共空地の整備の状況の変化その他の事由によりその指定の理由が消滅したときは、遅滞なく、その指定を解除しなければなりません。

第1章◆生産緑地2022年問題とその対応策

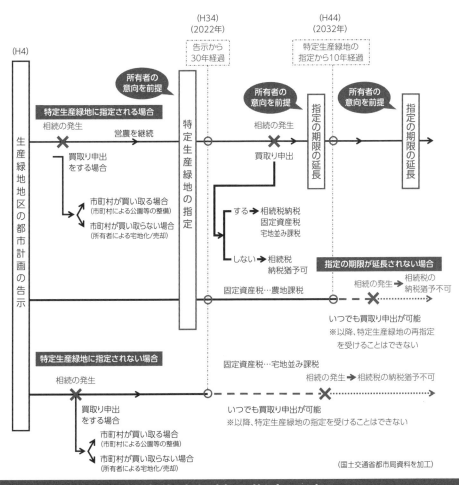

(国土交通省都市局資料を加工)

特定生産緑地の指定の流れ

所有者の意向の確認
↓
農地等利害関係人の同意
↓
市町村都市計画審議会の意見
↓
特定生産緑地の指定
↓
特定生産緑地の公示、農地等利害関係人への通知

1-5 田園住居地域の創設

　住宅と農地が混在している地域において、マンション等の建設に伴う営農環境の悪化を防止し、住居専用地域において農地として農業を継続していくうえで農業用施設等を原則として建てられない状況を改善する必要がありました。そこで、都市計画法及び建築基準法が改正され、新たな用途地域の一つとして「田園住居地域」の創設が行われました。

■用途地域の種類

住居系	第一種低層住居専用地域
	第二種低層住居専用地域
	第一種中高層住居専用地域
	第二種中高層住居専用地域
	第一種住居地域
	第二種住居地域
	準住居地域
	田園住居地域

商業系	近隣商業地域
	商業地域
工業系	準工業地域
	工業地域
	工業専用地域

1 「田園住居地域」創設の趣旨

　住宅と農地が共存し、両者が調和して良好な居住環境と営農環境を形成している地域を、あるべき市街地として位置づけて「田園住居地域」とされます。

2 田園住居地域の開発規制

　田園住居地域においては、次のような開発規制が行われます。

---

① 現況農地における次の行為を市町村長の許可制とする。
  ・土地の造成
  ・建築物の建築
  ・物件の堆積

② 駐車場・資材置き場のための造成や土石等の堆積を規制対象とする。

③ 市街化環境を大きく改変するおそれがある政令で定める一定の広さ（300㎡）以上の開発等は原則不許可とする。

第1章◆生産緑地2022年問題とその対応策

3 田園住居地域の建築規制

■用途規制

① 低層住居専用地域に建築可能なもの
・住宅、老人ホーム、診療所など
・日用品販売店舗、食堂・喫茶店、サービス業店舗など(150㎡以内)

② 農業用施設
・農業の利便増進に必要な店舗・飲食店等(500㎡以内)
例：農産物直売所、農家レストラン、自家販売用の加工所等
・農産物の生産・集荷・処理または貯蔵に供するもの
・農産物の生産資材の貯蔵に供するもの
例：農機具収納施設等

■形態規制

低層住居専用地域と同様
容積率：50〜200%
建ぺい率：30〜60%
高さ：10又は12m
外壁後退：都市計画で指定された数値
※ 低層住居専用地域と同様の形態規制により、日影等の影響を受けず営農継続が可能です。

11

1-6 2022年に向けた都市農地税制の大改正
～平成30年度税制改正～

1 特例適用農地の対象追加

特定生産緑地制度の導入などに伴い、平成30年度税制改正では、次の2つの農地を農地等に係る相続税・贈与税の納税猶予の適用対象に加えることとされました。

①	特定生産緑地である農地等
②	三大都市圏の特定市の田園住居地域内の農地

なお、特定生産緑地の指定（又は特定生産緑地の指定の期限の延長）がされなかった生産緑地については、現に適用を受けている納税猶予に限り、その猶予が継続されます。

2 生産緑地の貸付けに対する相続税の納税猶予制度の適用

農地等に係る相続税・贈与税の納税猶予は、原則として自ら営農していない貸付け農地には適用することができません。改正により、次のような貸付けがされた生産緑地についても農地等に係る相続税の納税猶予の適用対象とされました。

■相続税の納税猶予の対象となる生産緑地の貸付け

①	都市農地の貸借の円滑化に関する法律に規定する認定事業計画に基づく貸付け
②	都市農地の貸借の円滑化に関する法律に規定する特定都市農地貸付けの用に供されるための貸付け
③	特定農地貸付けに関する農地法等の特例に関する法律（以下「特定農地貸付法」という。）の規定により地方公共団体又は農業協同組合が行う特定農地貸付けの用に供されるための貸付け
④	特定農地貸付法の規定により地方公共団体及び農業協同組合以外の者が行う特定農地貸付け（その者が所有する農地で行うものであって、都市農地の貸借の円滑化に関する法律に規定する協定に準じた貸付協定を締結しているものに限る。）の用に供されるための貸付け

3 三大都市圏の特定市以外の生産緑地に係る営農継続要件の見直し

三大都市圏の特定市以外でも市街化区域内において生産緑地制度を導入している市が福岡市、長野市、金沢市、和歌山市など多くあります。三大都市圏の特定市以外の市街化区域では生産緑地も生産緑地以外の農地も相続税の納税猶予の適用を受けることができ、納税猶予を受けた場合20年間営農を継続すると猶予税額の全額が免除となります。改正により、三大都市圏の特定市以外の市街化区域内の生産緑地において終身営農が要件となり、20年営農での免除が廃止されました。

適用関係

上記**2**及び**3**の改正は、都市農地の貸借の円滑化に関する法律の施行日（平成30年9月1日）以後に相続又は遺贈により取得する農地等に係る相続税について適用されます。なお、同日前に相続又は遺贈により取得した農地等について相続税の納税猶予の適用を受けている者については、選択により、上記**2**の適用ができることとされ、その場合には、上

記**3**も適用されます。

4 平成34年（2022年）1月1日以後の三大都市圏の特定市の生産緑地の相続税の納税猶予の取扱い

生産緑地の指定から30年経過に伴う平成34年（2022年）1月1日以後の特定生産緑地の指定又は特定生産緑地指定から10年後の再選択をしなかった生産緑地については、平成34年（2022年）1月1日以後の相続開始における相続税の納税猶予の適用を受けることができなくなります。つまり、平成34年（2022年）1月1日以後の相続開始から、三大都市圏の特定市では、特定生産緑地以外の農地では納税猶予の適用を受けることができなくなります。

5 平成33年（2021年）12月31日までに相続税の納税猶予を受けている生産緑地

平成33年（2021年）12月31日まで（生産緑地の指定から30年経過前）に相続が発生し、相続税の納税猶予の適用を受けている場合には、平成34年（2022年）1月1日以後特定生産緑地の指定を受けていなくとも、生産緑地の買取り申出をしない限り相続税の納税猶予の適用を継続することができます。

6 特定生産緑地等に係る固定資産税等の見直し
(1) 生産緑地法の改正に伴う措置
　① 特定生産緑地の指定がされた農地に係る固定資産税・都市計画税は、従来どおり市街化調整区域と同様の評価とされ低い税額のままとなります。
　② 特定生産緑地の指定がされなかった農地及びその期限の延長をしなかった農地に係る固定資産税・都市計画税については、宅地並み課税とされました。この場合、激変緩和措置が適用されます。
(2) 都市計画法の改正に伴う措置
　都市計画法の改正に伴い、田園住居地域内の市街化区域農地について、300㎡を超える部分に係る土地の価額が類似宅地の価額を基準として求めた価額から造成費相当額を控除した価額の2分の1となるよう減額補正を行う評価が適用されます（平成31年度（2019年度）から）。

1-7 原則として貸付け農地は相続税の納税猶予対象外

　農地等に係る相続税の納税猶予は、*5-6*のような条件を満たす場合に限って適用できますが、それら以外にも注意すべき点があります。

1 相続税の申告期限までの円満な相続による農地の取得が条件

　5-6 1(2)のように、納税猶予を受けようとする相続人は、相続税の申告期限までに円満に農地を取得し、農業経営を開始していなければなりません。被相続人が遺言書で「農地はすべて相続人Aに相続させる」と書いておいてくれれば問題ないのですが、遺言書がなく、相続人間で財産の分割協議が整わず、相続税の申告期限までに農業委員会の証明書の交付を受けることができなければ相続税の納税猶予の適用を受けることができません。相続税の納税猶予の適用を受けることができるかどうかは、税負担に大きな影響があります。遺言書を残しておくことが非常に大きな相続対策になります。

2 貸し付けている農地の取扱い

　いわゆる小作農地は、営農をしている耕作者と農地所有者が異なります。ここでいう小作農地は農業委員会の農地台帳に掲載されている耕作者と農地所有者が異なるものをいいます。相続税の納税猶予は、農業を営んでいた被相続人から相続又は遺贈によりその農地を取得し、引き続き耕作を続けている者に適用されますので、耕作権を保有する耕作者の側に納税猶予を適用することが可能ですが、その農地の所有者側には適用することができません。

　市街化区域以外の農地については、農業経営基盤強化促進法による貸付け（特定貸付け）をしている農地に限り、農地所有者が耕作をしていなくても相続税の納税猶予の適用を受けることが可能となっています。しかし、市街化区域では平成30年度の税制改正まで貸付け農地に対する相続税の納税猶予の適用は認められていませんでした。

3 終身営農と20年免除

　相続税の納税猶予の適用を受けることができる場合でも、適用開始から20年が経過すると納税猶予税額の全額について免除される場合と、適用を受けている農業後継者が死亡するまで免除されない終身営農となる場合があります。平成30年度税制改正において一部改正され、次ページの図のように三大都市圏の特定市以外の市街化区域内の農地で、生産緑地以外の農地の納税猶予のみが20年で免除となります。

　この取扱いは平成30年9月1日以後の相続又は遺贈により取得した特例農地等に係る相続税について適用されます。

4 特定生産緑地と田園住居地域内の農地

　平成30年度税制改正において、特定生産緑地である農地等と三大都市圏の特定市の田園住居地域内の農地についても納税猶予の適用対象とされました。

第1章◆生産緑地2022年問題とその対応策

都市計画区域と農地の納税猶予額の免除

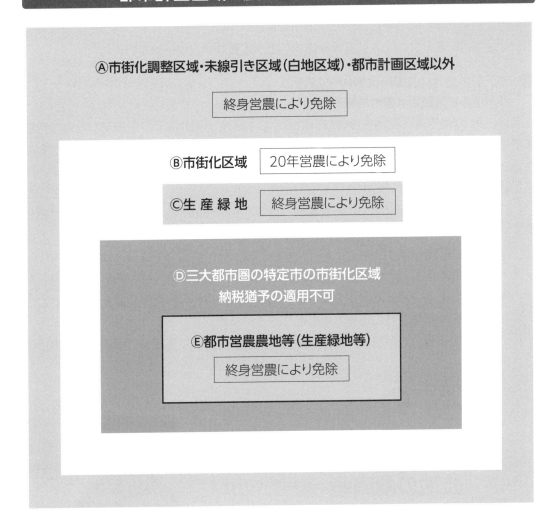

1-8 市街化区域内の農地を貸すことは困難だった

　農地等を賃貸借すると、借りた側に権利が発生し、法定更新と解約制限がかかり、農地所有者にとって不利になる可能性があります。市街化区域以外の農地については、一定の手続きをとることによってこれらの制限が解除され、農地を貸しやすくなっていますが、市街化区域内の農地については農地を貸すことが困難な状況が続いていました。

1 改正前の農地の賃貸借に関する取扱い

① 賃貸借の法定更新（農地法第17条）

　農地法第17条では、農地を賃貸借した場合について、期間満了の1年前から6か月前までの間に更新しない旨の通知をしないときは従前と同一条件でさらに賃貸借をしたものとみなすという法定更新制度が規定されています。この通知を行うには都道府県知事の許可が必要となっています。市街化区域以外の農地等については、これらの例外として取り扱われる農用地利用集積計画による利用権、農用地利用配分計画による賃借権などがあります。

② 解約制限（農地法第18条）

　農地法第18条では、農地の賃貸借について、解除、解約の申入れ、更新拒絶の通知をする場合、原則として都道府県知事又は政令指定都市の市長の許可が必要とされており、許可を受けずにした解約等の行為は無効とされています。

　ただし、農地中間管理機構が、都道府県知事の承認を受けて賃貸借の解除を行う場合などは例外です。

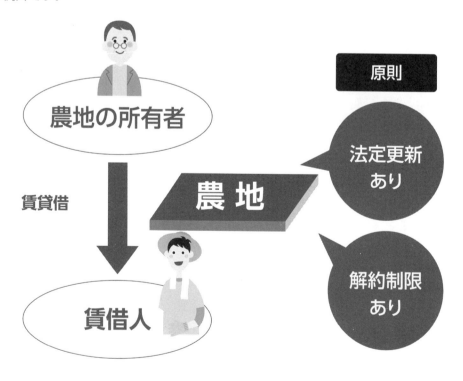

賃貸借の法定更新等

① 法定更新（農地法第17条）

農地等の賃貸借について、期間満了の1年前から6か月前までの間に更新をしない旨の通知（通知を行うためには知事の許可が必要）をしないときは、**従前と同一条件でさらに賃貸借をしたものとみなす**

② 解約制限（農地法第18条）

農地等の賃貸借について、解除、解約の申入れ、**更新拒絶の通知**は、**知事の許可（政令指定都市は市長の許可）**※が必要。許可を受けずにした解約等の行為は、無効。

※知事は、賃借人の信義則違反等、限られた場合でなければ、許可をしてはならない。

例外

例外

農用地利用集積計画や**農用地利用配分計画**により設定又は移転された利用権や賃借権は法定更新なし

農地中間管理機構が都道府県知事の承認を受けて賃借権の解除を行う場合などについては解約制限の例外

都市農地については適用されない

1-9 市街化区域内の農地に貸付制度が創設

1 都市農地の貸借の円滑化に関する法律

　都市に農地を残し保全すべきであるという政策方針への変更に伴い、都市農地を他者に貸借しやすいように法改正をしようとする法律が「都市農地の貸借の円滑化に関する法律」です。この法律によって、三大都市圏の特定市の生産緑地である農地を貸与することにリスクがなくなり、税制上の有利な取扱いを受けることができるようになりました。

2 法定更新が適用されない貸借が可能に

　「都市農地の貸借の円滑化に関する法律」に基づいて、一定の条件を満たし、一定の手続を経て農地を賃貸借すると農地法第17条の法定更新が適用されないこととされます。これによって三大都市圏の特定市の生産緑地を市民農園などとする目的で賃貸借することが容易になりました。

3 市町村の基準を満たす計画を提出して認定を受ける

　まず、農地を借りて農業経営や市民農園の運営をしようとする者が、市町村に事業計画を提出します。市町村は、次のような基準に適合しているかどうかを確認して適合していれば認定します。農業委員会は計画どおりに耕作の事業を行っていない場合などにおいては、勧告・認定取消しの決定を行うことになります。

---

① 都市農業の機能の発揮に特に資する基準に適合する方法により都市農地において耕作を行うか

（例）・生産物の一定割合を地元直売所等で販売
　　　・都市住民が農作業体験を通じて農作業に親しむ取組み

② 農地のすべてを効率的に利用するか

---

4 農地所有者と都市農業者等で生産緑地の賃貸借契約

　都市農業者が市町村から認定を受けると、その後に事業計画に従って賃貸借契約を行います。これによって農地法の特例の適用を受け、賃貸借契約の期間終了後には、農地は所有者に返還されます。

5 貸し付けた生産緑地にも相続税の納税猶予が適用

　平成30年度税制改正において、次のような「都市農地の貸借の円滑化に関する法律」などに基づいて生産緑地を貸し付けている場合においても、相続税納税猶予の適用を受けることができるようになりました。

---

① 都市農地の貸借の円滑化に関する法律に規定する認定事業計画に基づく貸付け

② 都市農地の貸借の円滑化に関する法律に規定する特定都市農地貸付けの用に供されるための貸付け

---

③ 特定農地貸付けに関する農地法等の特例に関する法律（以下「特定農地貸付法」という。）の規定により地方公共団体又は農業協同組合が行う特定農地貸付けの用に供されるための貸付け

④ 特定農地貸付法の規定により地方公共団体及び農業協同組合以外の者が行う特定農地貸付け（その者が所有する農地で行うものであって、都市農地の貸借の円滑化に関する法律に規定する協定に準じた貸付協定を締結しているものに限る。）の用に供されるための貸付け

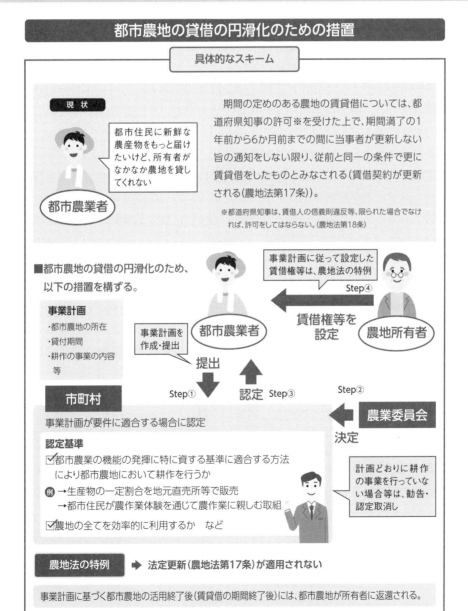

1-10 生産緑地を貸し付けた場合の相続税の納税猶予適用

　相続税の納税猶予の適用を受けている農業相続人が、特例適用農地について一定の貸付けを行った場合でも、貸付都市農地としてその相続税の納税猶予の継続適用が可能となる特例が創設されました。

1 貸付都市農地等は生産緑地に限る

　適用対象は生産緑地内の農地等に限られ、特定生産緑地の指定を行われたものを含み、買取申出されたものは除かれます。貸付けを行った日から2か月以内に納税地の所轄税務署長に届出書を提出しなければなりません。

2 認められる貸付け

　貸付都市農地等として認められるのは次の貸付けです。
(1)　賃借権又は使用貸借による権利の設定により、都市農地の貸借の円滑化に関する法律第7条第1項第1号に規定する認定事業計画の定めるところにより行われる認定都市農地貸付けで、猶予適用者が市町村長の認定を受けた認定事業計画に基づき他の農業者に直接農地を貸し付ける場合です。
(2)　農園用地貸付けとして次の3つがあります。
①　特定農地貸付法の承認を受けた地方公共団体又は農業協同組合が農業委員会の承認を受けて開設する市民農園の用に供するため、これらの開設者との間で締結する賃借権その他の使用及び収益を目的とする権利の設定に関する契約をして農地を貸し付ける場合
②　特定農地貸付法の承認を受けた地方公共団体又は農業協同組合以外の者が行う特定農地貸付法に基づき、納税猶予適用者である農地所有者が農業委員会の承認を受けて市民農園を開設し、納税猶予適用者が特定農地貸付法の貸付規定者に基づき利用者に直接農地を貸し付ける場合
③　特定農地貸付法の承認を受けた地方公共団体又は農業協同組合以外の者が行う、農業委員会の承認を受けて市民農園を開設する市民農園の用に供するため、納税猶予適用者である農地所有者が開設者との間で締結する賃借権その他の使用及び収益を目的とする権利の設定に関する契約をして農地を貸し付ける場合

3 納税猶予適用中の者が貸付けても猶予継続

　すでに納税猶予の適用中の農業後継者が、適用中の生産緑地について、認定都市農地貸付又は農園用地貸付けを行っても一定の手続を行えば相続税納税猶予の適用を継続することができます。

第1章◆生産緑地2022年問題とその対応策

1　特定農地貸付法による市民農園開設

①地方公共団体及び農業協同組合の場合

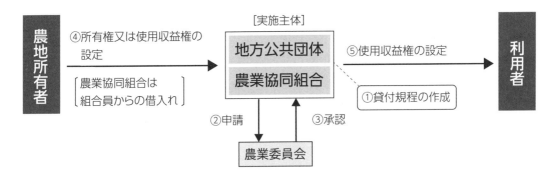

②地方公共団体及び農業協同組合以外で**農地を所有している者**の場合(農家等)

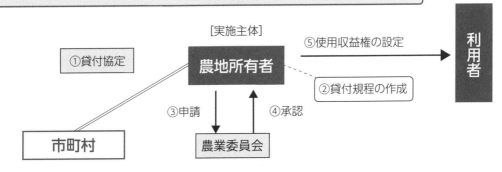

2　都市農地の貸借の円滑化に関する法律による市民農園開設(特定都市農地貸付け)

地方公共団体及び農業協同組合以外で**農地を所有していない者**の場合

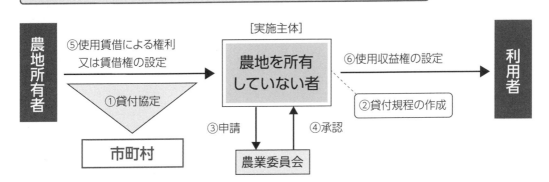

21

1-11 都市農地の貸付特例の場合の猶予税額の免除の取扱い

　都市農地を貸し付けた場合に相続税の納税猶予の適用を受けると、終身営農となり、20年営農による免除規定の適用はありません。20年営農による免除規定は平成30年1月1日以後の相続又は遺贈による取得から、三大都市圏の特定市以外の市街化区域の農地等で生産緑地以外のものしか適用がありません。

　都市農地の貸付けは、都市農地貸付法の施行日以後の生産緑地の貸付けから適用が開始されます。それ以前に相続が開始して納税猶予の適用を受けている場合でも、生産緑地について都市農地貸付法の施行日以後に都市農地貸付けを行うことが可能ですが、その場合には、仮に20年免除の適用を受けていた場合であっても、終身営農となりますので注意が必要です。

図表　相続税の納税猶予の適用期限の一覧表

※　下線部分が見直し部分

地理的区分 / 都市計画区分		三大都市圏		地方圏
		特定市	特定市以外	
市街化区域	生産緑地※	営農：生涯	営農：20年 ⇒ 生涯	
		貸付：－ ⇒ 認定都市農地貸付、農園用地貸付		
	(新設)田園住居地域内の農地	営農：生涯 貸付：－	営農：20年 (貸付：－)	
	上記以外			
市街化区域以外 (市街化調整区域、非線引)		営農：生涯 (貸付：特定貸付)		

※　特定生産緑地が追加され、特定生産緑地の指定・延長がされなかった生産緑地が除外されます。

第1章 ◆ 生産緑地2022年問題とその対応策

都市農地の貸付けの特例の適用を受けた場合の猶予税額の免除の適用関係

A…都市営農農地等（生産緑地に限る）【都市農地の貸付け可能】
B…三大都市圏の特定市以外の地域の生産緑地【都市農地の貸付け可能】
C…三大都市圏の特定市以外の地域の市街化区域内農地等（生産緑地を除く）
D…市街化区域外の農地等
(注1) 下記「納税猶予の適用地域と納税猶予期限（改正前）」の表のAからDまでと同じです。
(注2) 平成30年4月1日以後は、都市営農農地等の範囲に三大都市圏の特定市の田園住居地域内の農地が追加されるが、都市農地の貸付けの特例は生産緑地のみ。

その者が有している特例農地等 \ 相続が開始した日	旧法適用者 平成4年1月1日～平成21年12月14日	旧法適用者 平成21年12月15日～都市農地貸付法の施行日の前日	新法適用者 都市農地貸付法の施行日～
A	死亡まで	死亡まで	死亡まで
B	20年免除	20年免除	死亡まで
C	20年免除（都市農地の貸付け不可）	20年免除（都市農地の貸付け不可）	20年免除
D	20年免除（都市農地の貸付け不可）	死亡まで（都市農地の貸付け不可）	死亡まで
A＋B	死亡まで	死亡まで	死亡まで
A＋C	死亡まで	死亡まで	死亡まで
A＋D	死亡まで	死亡まで	死亡まで
B＋C	20年免除	20年免除	B：死亡まで C：20年免除
B＋D	20年免除	B：20年免除 D：死亡まで	死亡まで
C＋D	20年免除（都市農地の貸付け不可）	C：20年免除 D：死亡まで（都市農地の貸付け不可）	C：20年免除 D：死亡まで
A＋B＋C	死亡まで	死亡まで	死亡まで
A＋B＋D	死亡まで	死亡まで	死亡まで
A＋C＋D	死亡まで	死亡まで	死亡まで
B＋C＋D	20年免除	B、C：20年免除 D：死亡まで	B、D：死亡まで C：20年免除
A＋B＋C＋D	死亡まで	死亡まで	死亡まで

旧法適用者も、都市農地の貸付けの特例の適用を受けた場合は、新法（右欄）を適用。

1-12 2022年に向けた選択肢

　2022年に向けて、今後も法改正が予想されますので、まだまだ気が早いのですが、今回明らかになった法改正等の情報から2022年に向けて生産緑地をどのようにするかを検討すると、選択肢としては次の4つが考えられます。

① 生産緑地の買取りの申出を行い土地の有効活用又は売却をする

　買取りの申出の要件である30年が経過すれば、市町村に買取り申出を行うことが、一つの選択肢です。三大都市圏の特定市における市街化区域の農地である生産緑地が、「宅地化すべきもの」から「あるべきもの」に変更されたのですが、30年経過した時点で買取りの申出をしたものについて、その手続が認められないことは考えにくいでしょう。

　買取りの申出をされた生産緑地は、法律上は原則として市町村が買い取ることとされています。価額が折り合わない場合には収用委員会が最終的に価額を決めるとされていますが、現実には市町村の財政上の問題から3か月経過した時点で転売・転用が自由になるのが実情です。

　この取扱いの詳細がどのようになるかは、実際に始まってみないと何とも言えない面もあるでしょう。

　なお、生産緑地における相続税の納税猶予はあくまで「終身営農」です。生産緑地について現に相続税の納税猶予の適用を受けている場合には、30年経過したことで可能となった買取りの申出をすると同時に相続税の納税猶予の期限が確定して猶予税額と経過利子税の全額を一時に納付する必要があります。勘違いのないようにしてください。

② 特定生産緑地の指定を受けて10年間引き続き営農を継続

　特定生産緑地の指定を受けて、従来どおりの固定資産税等の農地課税による低い負担を続け、10年経過するまで継続します。10年経過する直前にその後10年延長して継続するかどうかを選択することが可能です。特定生産緑地指定中にその所有者が死亡した場合には、後継者が相続して営農を継続することによって相続税の納税猶予の適用を受けることができます。農業を継続していく場合には、特定生産緑地の指定を選択することとなるでしょう。

③ 特定生産緑地の指定を受けて市民農園等に賃貸

　特定生産緑地の指定を受けて、市民農園などの農地として第三者に賃借することも考えられます。この場合にも固定資産税・都市計画税は農地課税で低い負担ですし、農地所有者が死亡した場合に相続税の納税猶予の適用を受けることも可能です。

④ 従来どおりの生産緑地としておく

　特定生産緑地の指定を受けなかった生産緑地については、30年経過日以後いつでも買取り申出をすることができることとされています。しかし、30年経過した後もそのままの生産緑地として特定生産緑地の指定を受けなかった農地は、段階的に固定資産税等が宅地並み課税となります。また、相続税の納税猶予は、現に適用を受けている場合に限り、

その猶予が継続されますが、平成34年（2022年）以後の相続開始分については相続税の納税猶予の適用を受けることができなくなります。

生産緑地の選択肢

(1) 生産緑地の買取りの申出を行う。
　メリット：有効活用又は売却が可能
　デメリット：①相続税の納税猶予は適用不可・固定資産税は宅地並み課税。
　　　　　　②現在、納税猶予を受けている場合には、本税＋利子税の納付義務が生じる。
(2) 特定生産緑地の指定を受ける。
　メリット：相続税の納税猶予を適用可能・固定資産税は農地課税。
　デメリット：原則、買取りの申出が10年間不可（実質、有効活用及び売却が10年間不可）。
　選択肢①10年間引き続き営農する。
　選択肢②一定の要件に基づき貸与する➡貸与期間
　　　　（例：市民緑地として緑地保全・緑化推進法人に貸与など）
(3) 従来どおりの生産緑地としておく。
　メリット：①いつでも買取り申出可能により有効活用又は売却へ
　　　　　　②従来から適用を受けている相続税の納税猶予は継続可能
　　　　　　③一定の要件に基づき貸与する➡貸与期間
　　　　（例：市民緑地として緑地保全・緑化推進法人に貸与など）
　デメリット：相続税の納税猶予は適用不可・固定資産税は宅地並み課税。

生産緑地を今後どのように活用していくのか？

将来を見据えた検討が必要！

第2章　農地の概要

2-1　農地とは何か?

　農地についての定義は、昭和27年(1952年)7月15日に公布された農地法の第2条で定められていますが、50年以上経った現在でも、農地に対する基本的な考え方は変わっていないと思われます。ただし、裁判などを通して、徐々に農地の解釈に幅が出てきているのも事実です。

1　農地とは「耕作の用に供される土地」をいう

　耕作とは、土地に労賃を加え、**肥培管理**を行って作物を栽培することをいうので、田畑のみならず、例えば果樹園、苗圃、わさび田、蓮池等も**肥培管理がされている限り農地**に該当することになります。また、肥培管理とは、作物の生育を助けるため、その土地及びそこに植栽される作物について行う耕運、整地、播種、灌漑、排水、施肥、農薬散布、除草等の一連の人為的作業をいうとされています。

2　「耕作の用に供される土地」には休耕地なども含まれるが、畜舎は含まれない

　「耕作の用に供される土地」には現に耕作されている土地だけでなく、いわゆる休耕地でも、耕作しようとすればいつでも耕作できるような状態にある土地も含まれます。つまり耕作の用に供される土地とは、直接耕作の対象となる土地、言い換えれば、そこで作物が栽培される土地をいうとされています。

　したがって、農耕に使う牛馬を放牧するための土地や草刈場あるいは畜舎などは、農業の耕作という仕事のために必要ではあるが、その土地自体が直接耕作されるわけではないため、農地には該当しないので注意が必要です。

3　農地の判定は登記簿上の地目ではなく、その土地の現況で行う

　その土地が農地であるかどうかは、その土地自体の事実状態（現況）によって区分することになっており、土地登記簿の地目が田又は畑あるいは宅地、山林、牧場、原野その他の名目となっているかは関係ありません。

4　庭先販売や市場出荷などの営利目的でなくても農地認定される

　耕作、いわゆる肥培管理が反復継続的に行われていれば、その田畑でとれた作物が商品として販売されず農家の自家消費のみにあてられても、農地の判定には影響ありません。ただし、住宅と同一敷地内の土地の一部に花や野菜などを栽培していて、その面積も小さく、それのみでは農地としての存在価値が認められないような、いわゆる「家庭菜園」は農地には該当しないと考えられます。

5　植木畑は農地に該当するか?

　植木を育成する目的で苗木を栽培し、その苗木の育成について肥培管理を行っている土地は農地に該当します。ただし、すでに育成された植木を販売するまでの間、一時的に植えておく土地は、たとえその間商品価値を維持するための管理がされていたとしても、農地には該当しないといわれています。

農地の定義は50年以上も前に決められた！

農地の定義 …… 「農地」とは耕作の目的に供される土地をいう

農地法第2条

昭和27年7月15日公布
同年10月21日施行

細目の定義 …… 農地法の施行にあたって具体的な取扱いの細目などについて定めている
【農林省（現農林水産省）事務次官通達】

昭和27年12月20日に発遣

参 考 【最高裁38（オ）1065号 昭40.8.2判決】

　農地とは「耕作の目的に供される土地」であり、耕作とは土地に労資を加え、肥培管理を行って作物を栽培することをいい、その作物は穀類蔬菜類にとどまらず、花き、桑、茶、たばこ、梨、桃、りんご等の植物を広く含み、それが林業の対象となるものでない限り、永年性の植物でも妨げない。

2-2 農地認定の幅が広くなった

　国の農地に対する概念は、昭和27年に公布された農地法以来「現に耕作されている土地」にこだわってきましたが、農業の形態も50年の間に大きく変化したこともあり、農地の現状に合わせた考え方に変りつつあるように思われます。

▉1 農地に対する基本的な考え方

　農地法が公布された昭和27年（1952年）頃は、戦後間もなかったこともあり、農業といえば食糧と直結しており、農地といえば田であり畑であったと思われます。国の農地に対する考え方が「耕作の用に供される土地」いわゆる「土」にこだわったのも、そのことと無縁ではないでしょう。この基本的な考え方は、現在に至るまで脈々と続いています。しかしながら、農業は実に多種多様であり、農作物も穀類や野菜に限らず、そのことが農地の認定をめぐり国と農家が裁判で争う原因にもなっています。

▉2 農地の認定をめぐる主な判例

・通常の田畑以外のものでも肥培管理をしていれば農地と認定（山形地裁 昭23.7.23）
・休耕地であっても耕作しようとすればいつでも耕作できる土地も農地と認定
　（盛岡地裁 昭25.3.28）
・竹林のうち、毎年竹又は筍を採取している土地は農地である（福井地裁 昭23.8.31）
・家庭菜園は農地ではない（最高裁 昭24.5.21）
・現に耕作の用に供されていれば、土地区画整理施行内であっても、また仮換地の指定があっても農地と認定（最高裁 昭38.12.27）
・農地に対する最高裁の判決（昭40.8.2）※前ページ参照

▉3 コンクリート等で覆っても農地法上の農地とすることが可能に

　平成30年5月18日に「農業経営基盤強化促進法等の一部を改正する法律」が成立しました。この中に農地法第43条の改正が含まれ、農業委員会に届け出て農作物栽培高度化施設の底面とするために農地をコンクリートその他これに類するもので覆う場合、引き続き農地として農地法の適用を受けることができることとされました。

　これによって水耕栽培、温度・湿度管理、収穫用ロボットの導入などの必要から、農業用ハウス等の底地を全面コンクリート張りにするときに、農地転用しないで行えることとなりました。

▉4 コンクリート等農地を譲渡した場合の特例の取扱い

　農業委員会に届け出て、土地の全部をコンクリートで覆い農作物栽培高度化施設を設置して農作物を栽培している農地を譲渡した場合には、一定の条件を満たす農地の譲渡時に適用できる次の特例が適用されます。

⑴　固定資産の交換の場合の譲渡所得の特例
⑵　農用地区内にある農用地が、農業経営基盤強化促進法の協議にも続き農地利用集積円滑化団体等に買い取られる場合の譲渡所得の1,500万円特別控除

⑶　農地保有の合理化のために農地等を譲渡した場合の800万円特別控除

5 コンクリート等農地の贈与税・相続税の農地の納税猶予制度の適用

　農業委員会に届け出て、土地の全部をコンクリートで覆い農作物栽培高度化施設を設置して農作物を栽培している農地についても、贈与税・相続税の農地の納税猶予の適用ができることとされました。ただし、土地の全部をコンクリートで覆い農作物栽培高度化施設を設置して農作物を栽培していても、農業委員会に届け出ていない場合には、農地とみなされず、農地として証明されないことから、納税猶予の適用対象となる農地には該当しません。

6 コンクリート農地等に係る不動産取得税の取扱い

⑴　不動産取得税の非課税措置

　土地改良法による農用地の交換文豪に伴い取得する土地に対する不動産取得税の非課税措置の対象に、農業委員会に届け出て、土地の全部をコンクリートで覆い農作物栽培高度化施設を設置して農作物を栽培している農地が加えられました。

⑵　不動産取得税の徴収猶予制度

　農地等に係る不動産取得税の徴収猶予制度について、次の見直しが行われました。

　①　農業委員会に届け出て、土地の全部をコンクリートで覆い農作物栽培高度化施設を設置して農作物を栽培している農地が加えられました。

　②　農地利用集積円滑化団体等が取得した農地等について、一定期間不動産取得税の徴収を猶予し、取得の日から5年以内に売却された場合には、その徴収猶予された税額を納税義務を免除する措置について、農業委員会に届け出て、土地の全部をコンクリートで覆い農作物栽培高度化施設を設置して農作物を栽培している農地が加えられました。

2-3 農地の権利移動や転用には原則的に制限がある

農地の売買や宅地等への転用の自由を認めると、農地が投資の対象となったり、農地の宅地化現象をもたらし、農業生産力の低下を招くおそれがあるため、農地の売買・転用・貸付等の行為は農地法により制限されています。

1 許可権者

① 農地利用の取引の場合（農地法第3条）

農地を耕作の目的で売買したり、地上権や永小作権などの権利を設定する場合は、原則として農業委員会が許可権者になります。ただし、農地取得者が住居地以外の農地を取得する場合などは、都道府県知事の許可が必要となります。

② 農地以外の目的で取引する場合（農地法第5条）

農地を耕作以外の目的で売買したり、地上権などの設定をする場合の許可権者は、都道府県知事になります。ただし、同一事業の目的で4ヘクタールを超える農地を取得する場合などは、農林水産大臣の許可が必要となります。

③ 権利移動を伴わない転用（農地法第4条）

農地の権利移動（売買）を伴わないで宅地等に転用する場合の許可権者は、都道府県知事になります。ただし、4ヘクタールを超える農地の転用の場合などは、農林水産大臣の許可が必要となります。

2 罰則（農地法第64(旧92)条）

農地を転用する場合、上記のとおり許可を受ける必要がありますが、仮に許可を受けずに売買契約などを行った場合は、その契約は無効になるだけでなく、罰則の適用を受けることになります（農地法第3条、5条、64(旧92)条）。権利移動を伴わない転用（自己転用）であっても、罰則の適用を受けます。

3 転用許可の例外（農地法第3条）

農地を国又は都道府県に対して売却した場合や、相続の場合の遺産分割によって農地を取得する場合、あるいは土地収用法により収用される場合などは、例外として農地転用の許可は不要です。市町村との取引は許可が必要となります。

4 市街化区域内農地の転用

農地法は優良な農地を保護し、国の農業生産力を維持するために、農地を農地以外の土地に転用する場合には、原則として都道府県知事の許可制にしています。ただし、社会経済上必要な土地需要に対しても適切に対応する必要があり、市街化区域内の農地については、事前に農業委員会に届け出れば許可を不要とする届出制にしています。

市街化区域内の農地であっても届出をしない場合は、売買契約が無効になる可能性があるので、注意が必要です。

I. 原 則

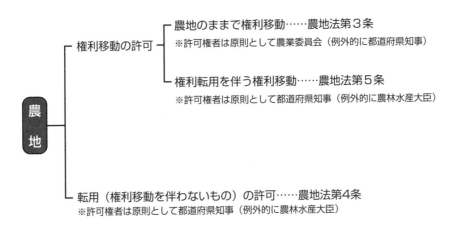

II. 市街化区域内にある農地の転用……届出制

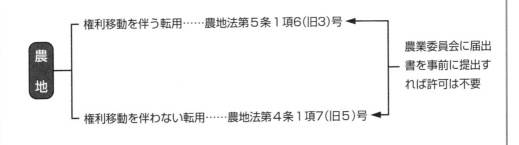

2-4 農業委員会の仕組みと役割

　農業委員会は農地法の適用の要であり、農地の転用許可の認定や、三大都市圏の特定市においては生産緑地の管理義務指導や相続税の納税猶予制度にも深いかかわりを持つ組織です。特に都市部では今後、農業委員会の重要性が高まると思われます。

■1 農業委員会とはどのような組織か？

　農業委員会は「農業委員会等に関する法律」によって設置が認められ市町村に置かれる行政委員会で、農民の代表機関として、市町村から独立して農地法に基づく許可等の行政事務を行っている組織で、原則として全市町村に設置することとされています。

■2 農業委員会の構成

① 選挙による委員

　公職選挙法が準用される選挙で選ばれ、定数は原則として10人から30人までの間で、各市町村の条例で定めることとされています。委員の選挙権及び被選挙権は、農民の代表機関として、地方公共団体の行う農業施策に直接農民の声を反映するという趣旨から、耕作に従事する農民に広く与えられています。（右ページ参照）

② 選任による委員

　選任による委員は、㈶農業協同組合及び農業共済組合ごとに推薦した理事各１人及び、㈻学識経験者からその市町村の議会が推薦した５人以内の者（一般的には各市町村の議員が推薦される）を市町村長が選任することになっています。

③ 事務局

　農業委員会には、通常市町村役場内に農業委員会事務局が置かれ、具体的な農地法の許可申請及び農地に関する相談窓口となり、一定の資格を有する農地主事及び職員がいます。

■3 農業委員会には法令業務と任意業務がある

① 法令業務

　農業委員会が専属的な権限を有する業務で、次のようなものがあります。
- ㈶　農地法第３条による農地転用の許可及び同法第４条、第５条による市街化区域内の農地に係る農地転用の事前届出の受理業務、同法第30条の利用状況調査、同法第32条の利用意向調査
- ㈻　土地改良法に基づく上記改良事業に参加する者の資格についての承認業務など

② 任意業務

　農業委員会が専属的な権限を有しない業務で、農地等の利用関係についてのあっせん及び争議の防止や、農業などに関する振興計画の樹立及び実施などがあります。

■4 証明書発行事務

　農業委員会は、法令業務及び任意業務に係る次のような各種証明書の発行事務も行っています。

① 農地耕作証明書

② 競(公)売買受適格証明書など
　また、相続税の納税猶予制度を受ける場合に必要な
③ 主たる従事者についての証明書
④ 適格者証明書
⑤ 引き続き農業経営を行っている旨の証明書
など、大変重要な証明書を発行しています。

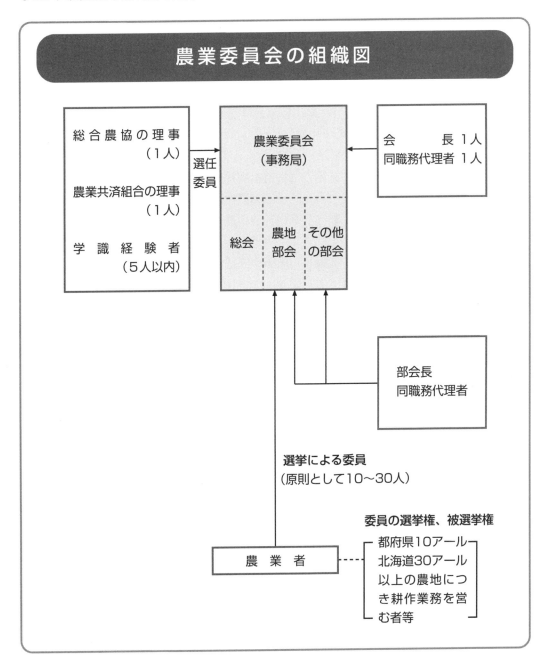

2-5 都市計画区域と農地の評価区分の関係

　農地の区分にはいろいろな方法があると思われますが、都市計画法により地区区分し、それぞれの地区内の農地を農地転用許可基準によって区分し、さらに相続税の評価基準によって区分してみました。

1 都市計画法による区分

(1) 都市計画区域

　昭和43年（1968年）に制定された新都市計画法では、市又は町村の中心の市街地を含み、かつ、一体の都市として総合的に整備、開発、保全を図る必要がある区域について、「都市計画区域」として都道府県知事が指定することになっています。

(2) 「市街化区域」及び「市街化調整区域」

　都市計画をする上で無秩序なスプロールを防止し、計画的な市街化を進めるために都市計画法で設定された区分であり、「市街化区域」はすでに市街地を形成している区域及び、概ね10年以内に優先的かつ計画的に市街化を図るべき区域とされています。

　「市街化調整区域」は、市街化を抑制すべき区域です。このような理由から、市街化区域は税金を投入して道路やガス、電気等の社会資本が整備されており、資産価値や担税力、あるいは受益者負担の観点からも市街化区域内の農地については、市街化調整区域内農地と比べ保有税である固定資産税（都市計画税）や相続税の評価も高くなっており、結果として税負担も大変重いものとなっています。農地の転用許可についても、市街化調整区域内の農地が許可制を取っているのに対し、市街化区域内の農地は積極的に流動化を図る意図もあり、原則的には届出制となっています。ただし、三大都市圏の特定市の市街化区域内の農地のうち、生産緑地については例外的な扱いとされています（第3章で詳述）。

2 農地転用許可基準による区分

(1) 市街化区域内の農地

　市街化区域内は前述のとおり、優先的かつ計画的に市街化を図るべき区域であり、農地の転用についても、権利の移動を伴うもの、伴わないものにかかわらず、原則的に届出制になっています。ただし、三大都市圏の特定市の市街化区域農地は、生産緑地と宅地化農地に分かれており、都市計画法上の指定地区である生産緑地は届出制ではなく、「買取りの申出」制度による転用となっており、例外的な扱いとされています（第3章で詳述）。

　市街化区域に設定される用途地域として新しく設定された「田園住居地域」にある農地は、土地の区画形質の変更や建築物の建設等を行う場合には市町村長の許可が必要です。

(2) 市街化調整区域内の農地

　市街化調整区域は市街化を抑制すべき区域であることから、厳しい転用許可基準が設けられています。市街化調整区域内農地を甲種農地（集団的優良農地、土地基盤整備事業地区内の農地）、乙種農地（甲種農地以外の農地）に区分し、甲種農地については原則として転用は許可されません。

　乙種農地は次の3つに区分し、それぞれ許可の可否を判断することになります。

① 第1種農地（農業公共投資の対象となった農地など）…原則として許可しない
② 第2種農地（街路が普遍的に配置されている地域や公共施設から近距離にある農地）…例外的に許可する
③ 第3種農地（ガス、上下水道の整備されている地区及び市街地の中に介在する農地）…原則として許可する

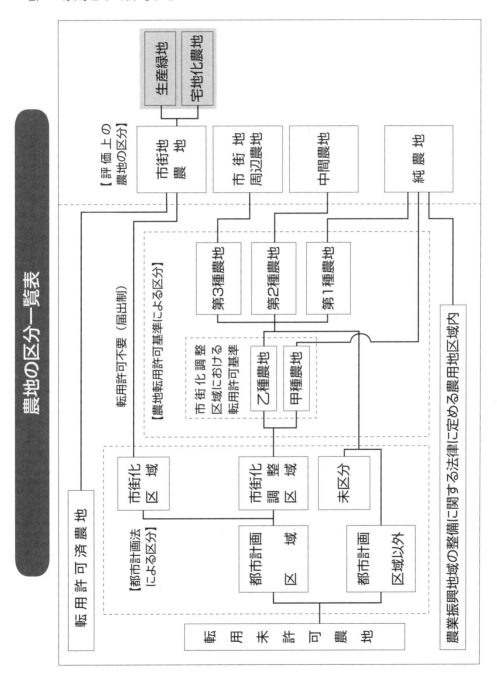

第3章 生産緑地制度

3-1 三大都市圏の特定市における農地

　農地の分類の方法にはいろいろありますが、ここでは、いわゆる三大都市圏（首都圏、中部圏、近畿圏）の特定市の市街化区域内にある農地に照準を当てて説明します。

1 はじまりは平成3年の生産緑地法大改正

　三大都市圏の特定市においても、都市計画区域を「市街化区域」と「市街化調整区域」に区分するのは他の地域と同じです。ただし、これらの市（区）の中で「市街化区域」は都市化が進んでいる区域であり、農地転用を届出制の下で無制限に認めることは、無秩序な農地の乱開発を許すことにつながりかねません。

　そこで、これを防ぐために農地の緑地機能等が着目され、バランスのとれた都市計画を進めるために、平成3年に最長30年の営農義務期間を設けるなどの生産緑地法の大改正が行われました。これを受けて、旧建設省は都市計画の変更に着手しましたが、その内容は特定市の市街化区域に農地を所有する農家に対し、「保全すべき農地」（生産緑地地区指定の申請）か、「宅地化すべき農地」かの二者択一を強制するといった、まさに踏み絵をせまるようなものでした。

2 生産緑地地区指定申請時の混乱

　当時、改正生産緑地法を周知徹底するため、旧建設省→三大都市圏の都道府県→各自治体（特定市・区）の流れで、農家に対する説明が平成3年の9月頃から翌年の春までのわずかな期間に数回にわたって行われました。しかし、改正生産緑地法の内容についての説明にとどまり、導入の趣旨や背景、あるいはその選択が農地所有者にとって長期的にどのような影響があるかなどの説明は、その後の農家の方々への聞きとり調査でもほとんどなかったように思われます。このことは、右ページ図2の平成4年の生産緑地地区申請率にも読みとれます。平成4年当時、農家の方々が生産緑地制度を充分に理解し、長期的展望に立って生産緑地（保全すべき農地）の選択をしたかは、はなはだ疑問といわざるをえません。

3 特定市における現在の農地の分類

　三大都市圏の特定市の農地は右ページ図1のとおり、大きく分けると市街化区域内の農地が「生産緑地」と「宅地化農地」に分かれ、これらに「市街化調整区域の農地」を加えて3つに分類することができます。

　このうち「生産緑地」には、平成4年に農地所有者の申請に基づいて地区指定された農地と、昭和49年の当初の生産緑地法による都市計画によって指定された、いわゆる「旧生産緑地」が含まれています。

第3章◆生産緑地制度

図1 都市農地の分類【昭和43年「新都市計画法」(旧建設省)】のイメージ

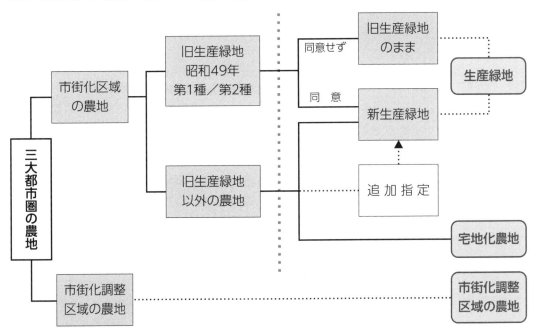

図2 平成4年の生産緑地地区の申請率

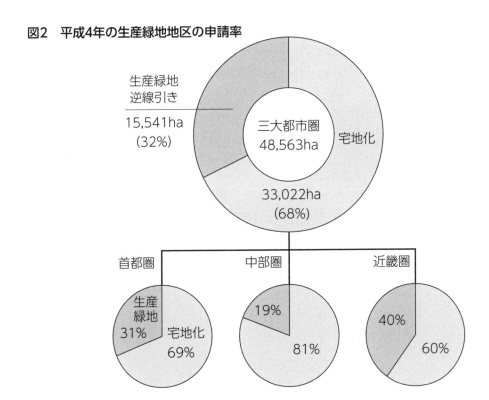

3-2 三大都市圏の特定市の範囲

三大都市圏の特定市の市街化区域内の農地については、所有者の申請に基づいて、都市計画法で生産緑地地区指定を行い、農地転用や農地の管理義務などに厳しい規制を加える見返りに、固定資産税等の軽減や相続税の納税猶予制度の適用を一定条件の下に認めるなどの優遇措置がとられています。

1 三大都市圏の特定市（以下、この項では特定市）とは具体的にどこの市か？

東京都の特別区を含む首都圏整備法第2条第1項に規定する首都圏、中部圏開発整備法第2条第1項に規定する中部圏、近畿圏整備法第2条第1項に規定する近畿圏内にある地方自治法第252条の19第1項の市などで、具体的には右ページ表のとおりです。

2 特定市とその他の市町村では、市街化区域内農地に対する税金の扱いが異なる

① 固定資産税（都市計画税を含む）は、全国の都市計画区域内の市街化区域内にある農地は原則的として宅地並み課税されることになっていますが、地方税法の特例により、特定市以外の市町村の農地は宅地並み課税を免除されており、特定市の市街化区域内農地（生産緑地は除く）だけが宅地並み課税されています（第4章で詳述）。

② 相続税法上、農地だけに認められている相続税納税猶予制度の特例も、特定市においては平成4年以降、原則として廃止され、例外的に市街化区域内農地のうち、生産緑地について、終身営農義務などの厳しい条件の下で認められているだけです。

なお、相続税納税猶予制度が原則廃止となる特定市に該当するかどうかの基準日は、平成3年に相続税法及び生産緑地法が改正されたこともあり、同年1月1日において特定市に該当したかどうかで判断されることになります。したがって、同日後、市町村合併等の理由で特定市となった場合は、市街化区域内の農地（生産緑地を含む）であっても特定市以外の市町村の農地と同じ扱いとなっています。これに対して特定市以外の市町村の場合、農地法上の農地であれば特例が適用され、最長20年間の営農期間で相続税が免除されるなど、特定市の市街化区域内の農地とは比較にならないほど適用条件が緩やかになっています。

③ 平成3年1月2日以降、特定市となった地域

右ページ表のとおり、首都圏では、あきる野市、羽村市、袖ヶ浦市など15市を数え、近畿圏で阪南市など7市、中部圏で日進市など11市となっています。

なお、相続税法上の特定市は前述のように平成3年1月1日現在の特定市に限定されますが、固定資産税の宅地並み課税は同日後に特定市となったものも含みます。

第3章◆生産緑地制度

三大都市圏の特定市

(平成27.1.1現在)

区分	都府県名	都市名
首都圏	東京都	特別区、武蔵野市、三鷹市、八王子市、立川市、青梅市、府中市、昭島市、調布市、町田市、小金井市、小平市、日野市、東村山市、国分寺市、国立市、福生市、多摩市、稲城市、狛江市、武蔵村山市、東大和市、清瀬市、東久留米市、西東京市(旧保谷市、旧田無市)、旧秋川市(あきる野市)、羽村市
	神奈川県	横浜市、川崎市、横須賀市、平塚市、鎌倉市、藤沢市、小田原市、茅ヶ崎市、逗子市、相模原市、三浦市、秦野市、厚木市、大和市、海老名市、座間市、伊勢原市、南足柄市、綾瀬市
	千葉県	千葉市、市川市、船橋市、木更津市、松戸市、野田市、成田市、佐倉市、習志野市、柏市、市原市、君津市、富津市、八千代市、鎌ヶ谷市、流山市、我孫子市、四街道市、浦安市、袖ヶ浦市、印西市、白井市、富里市
	埼玉県	川口市、川越市、さいたま市(旧浦和市、旧大宮市、旧与野市、旧岩槻市)、行田市、所沢市、飯能市、加須市、東松山市、春日部市、狭山市、羽生市、鴻巣市、上尾市、草加市、越谷市、蕨市、戸田市、志木市、和光市、桶川市、新座市、朝霞市、旧鳩ヶ谷市、入間市、久喜市、北本市、旧上福岡市(ふじみ野市)、富士見市、八潮市、蓮田市、三郷市、坂戸市、幸手市、鶴ヶ島市、日高市、吉川市、熊谷市、白岡市
	茨城県	龍ヶ崎市、旧水海道市(常総市)、取手市、旧岩井市(坂東市)、牛久市、守谷市、つくばみらい市
近畿圏	大阪府	大阪市、守口市、東大阪市、堺市、岸和田市、豊中市、池田市、吹田市、泉大津市、高槻市、貝塚市、枚方市、茨木市、八尾市、泉佐野市、富田林市、寝屋川市、河内長野市、松原市、大東市、和泉市、箕面市、柏原市、羽曳野市、門真市、摂津市、泉南市、藤井寺市、交野市、四條畷市、高石市、大阪狭山市、阪南市
	京都府	京都市、宇治市、亀岡市、向日市、長岡京市、城陽市、八幡市、京田辺市、南丹市、木津川市
	兵庫県	神戸市、尼崎市、西宮市、芦屋市、伊丹市、宝塚市、川西市、三田市
	奈良県	奈良市、大和高田市、大和郡山市、天理市、橿原市、桜井市、五條市、御所市、生駒市、香芝市、葛城市、宇陀市
中部圏	静岡県	静岡市、浜松市
	愛知県	名古屋市、岡崎市、一宮市(旧尾西市)、瀬戸市、半田市、春日井市、津島市、碧南市、刈谷市、豊田市、安城市、西尾市、犬山市、常滑市、江南市、小牧市、稲沢市、東海市、尾張旭市、知立市、高浜市、大府市、知多市、岩倉市、豊明市、日進市、愛西市、清須市、北名古屋市、弥富市、みよし市、あま市、長久手市
	三重県	四日市市、桑名市、いなべ市

※1 　　書の都市は、平成3年1月2日以降に特定市に該当したところです。

※2 相続税の納税猶予制度における特定市は、平成3年1月1日現在の特定市(190市)であった区域に限定されています。ただし、固定資産税については、同日後に市となったものも含みます。

※3 近年の市町村合併により、上記の名称が変更されたり合併により吸収されたことにより、表示市名と異なっている場合がありますので、ご確認ください。

39

3-3 生産緑地という農地はない?

　生産緑地とは、三大都市圏の特定市の市街化区域内にある農地のうち、都市計画法により「生産緑地地区」として指定された区域内にある農地のことです。

1 都市計画法の基本的な考え方

　昭和43年(1968年)に施行された新都市計画法により、全国の市町村は、都市として総合的に整備、開発等を図る必要のある「都市計画区域」と、それ以外の区域に区分されました。さらに都市計画区域について、すでに市街化を形成している区域及び概ね10年以内に優先的かつ計画的に市街化を図るべき区域を「市街化区域」、市街化を抑制すべき区域を「市街化調整区域」として区分されました。「市街化調整区域」内の農地については、農地転用も許可制にするなど厳しい利用制限を行ったのに対し、「市街化区域」内の農地については、農地転用も届出制にするなど全く異なる対応をしています。

2 三大都市圏の特定市の市街化区域内農地に対する都市計画法上の位置づけ ―― 生産緑地の誕生

　市街化区域は優先的に市街化を図るべき区域だとはいっても、田畑や山林も充分に保全されており、むしろ過疎化が叫ばれる地方都市とは異なり、大都市圏においては良好な生活環境を確保し、バランスの良い都市計画を進めるためには貴重かつ重要な空間であり、農地の計画的な保全及び活用が必要です。そこで国は右ページ図1のとおり、特に都市化が急速に進み、農地の乱開発や無秩序な市街化が心配される三大都市圏の特定市の市街化区域内にある農地についてのみ「宅地化する農地」と「保全する農地」に区分することになりました。そして昭和49年に最初の生産緑地法が施行され、農地所有者の申請に基づいて「保全する農地」について、都市計画法上の「生産緑地地区」として指定する、いわゆる「生産緑地」が誕生しました。

3 生産緑地は都市計画道路予定地より厳しい規制を受ける

　前述のとおり、生産緑地は都市計画法により指定された地区内にある農地のことであり、基本的に都市計画法の変更なしには、たとえその生産緑地の所有者といえども、転用できないことになります。つまり、生産緑地法第10条による「買取りの申出」の条件です。

　①　指定を受けてから30年経過
　②　主たる従事者の死亡
　③　②に準ずるような一定の事由の発生

のいずれかの条件を満たすか、第15条による「買取り希望の申出」により行政等に買ってもらう以外、農地転用ができないため"売れない"、管理義務があるので駐車場などの賃貸用に"貸せない"(第7条)、基本的に建築許可が下りないので"建てられない"、都市計画法の規制があるので金融機関の担保査定は極めて低く"借りられない"状態が続くことになります。ただし、農地法第3条の農地転用で、各市の農業委員会が認めた特定の営農者に、生産緑地として売却することは例外的に認められる場合があります。

第3章◆生産緑地制度

生産緑地とはどのような農地？

図1　三大都市圏の特定市の市街化区域内農地の都市計画上の位置づけ

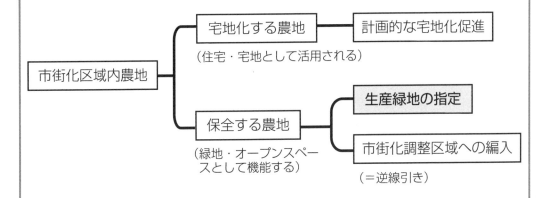

図2

売れない
生産緑地は基本的に売却することができません。

原則として貸せない
第三者に生産緑地を転貸できません。

建てられない
賃貸マンションやアパートなどは建てられません。

借りられない
担保評価はほとんどなく、借入ができません。

3-4 生産緑地地区の制度の仕組み

　生産緑地地区制度は、指定要件を満たした農地等について、農地所有者等の同意を得て、都市計画法に基づいて都市計画の決定を行い、指定地区内の農地所有者は一定期間その農地の管理義務を負い、一定の条件の下で市町村長に対し、「買取りの申出」ができることを骨格とした制度です。

1 生産緑地地区として、都市計画により決定（生産緑地法第1条～第3条）

　全国の都市計画法上の都市計画区域内の市町村は、都市計画上必要であれば、市街化区域内農地のうち一定の要件を満たした農地を対象として、市町村が原案を作成し、農地所有者の同意を得た上で、知事の承認を得て生産緑地地区として都市計画を決定することになっています。

　三大都市圏の特定市（東京都の特別区を含む）を中心に、都市計画法上の生産緑地地区指定が行われていましたが、近年それ以外の市町村でも例えば和歌山市や長野市のように生産緑地地区制度の導入を行っているところが増加しつつあります。

2 農地等としての生産緑地の管理義務（同法第7条、第8条）

　生産緑地地区として指定された農地、いわゆる生産緑地の所有者等は、その生産緑地を農地として管理する義務がありますが、そのための必要な助言、その他の援助を市町村長に対して求めることができることになっています。

3 生産緑地の買取りの申出制度（同法第10条、第11条）

　都市計画の決定により地区指定を受けた生産緑地は永久に転用できないかというと、そうではなく、一定の条件の下、手続を踏んで地区指定を解除してもらうことができます。この手続が買取りの申出（通常は買取申請といわれています）制度です。

　①　生産緑地地区の指定後30年（旧生産緑地は5年、又は10年経過後）又は

　②　主たる従事者等の死亡又はこれに準ずるような事由の発生した場合には、

市町村長に対して、生産緑地の買取りの申出を行うことができることになっています。

　もちろん、条件が整っても買取りの申出をしないで、そのまま生産緑地地区として営農を継続することは可能です。

　買取りの申出があった場合、市町村長は特別な事情がない限り、その生産緑地を時価で買い取らなくてはならないこととされています。

4 買い取るか、買い取らないかは行政側の判断で決まる

　生産緑地法第11条では、買取りの申出があった場合、市町村長は特別な事情がない限り、時価で買い取らなくてはならない、と規定されていますが、現状は財政事情などもあって、ほとんど買い取っていない状況です。

　市町村長は、買い取らない場合、特別の事情を明示する必要はなく、「買い取らない旨の通知」を1ヶ月以内に、買取りの申出をした本人に送付すればよいことになっています。

第3章 ◆ 生産緑地制度

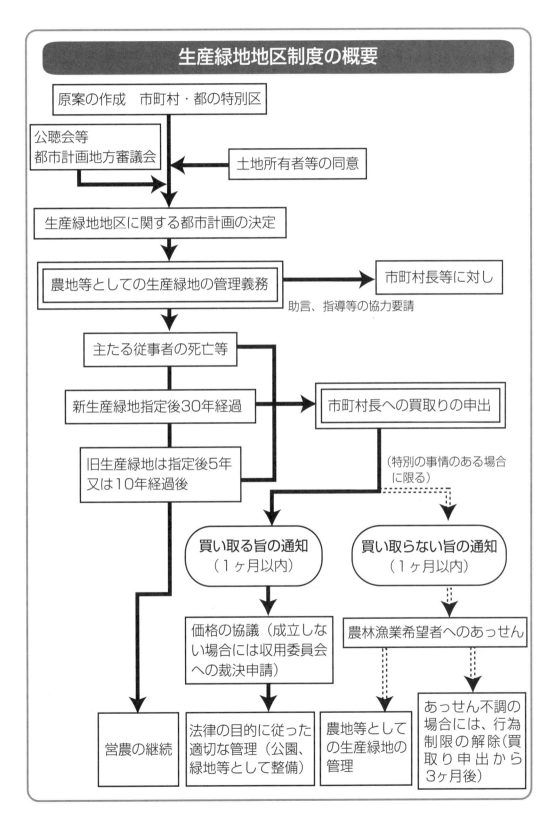

3-5 生産緑地指定の手続

　生産緑地は都市計画法上の地区指定であり、右ページ図のような都市計画の手順に従い決定されますが、他の都市計画の決定と違い、農地所有者の同意が必要とされています。

■1 生産緑地地区指定の要件

　生産緑地地区に指定されるためには、現に農林漁業の用に供される農地等であって、次の３つの要件を満たすことが必要です。

① 生活環境機能及び公共施設等の敷地の用に供する土地として適していること
② 面積が一団で500㎡以上の農地等であること（条例によって300㎡以上も可能）
③ 農林漁業の継続が可能であること

　その上で、生産緑地地区の指定は、幹線街路、下水道等の主要な都市施設の整備や合理的な土地利用に支障をきたすことのないよう行われることとなっています。

■2 生産緑地地区指定の特殊性

　生産緑地は都市計画法上の地区指定であり、本来、都市計画の決定は都市計画道路などと同じように土地所有者等の同意を得て行われるものではありません。しかし、生産緑地地区の指定の目的は、都市における農地等の適正な保全を図ることによって、良好な都市環境を形成することにありますので、都市農家に継続して肥培管理をしてもらわなければ、農地の保全ができないことから、「農地所有者の同意を得る」ことで生産緑地制度がうまく機能し、実効性を上げるように図られたものと考えられます。

■3 他の都市計画との関連性について

① 土地区画整理事業の施行区域等でも、その事業の実施に支障を及ぼさない範囲内でなら、生産緑地地区の指定を行うことはできます。逆に生産緑地地区を含めた土地の区域について、土地区画整理事業を行うこともできることになっています。
② 相続税等の納税猶予を受けている農地等を含む区域について、土地区画整理事業が行われ、生産緑地の位置、区域等に変更を生じても、一定の手続をとれば、納税猶予は継続されます。
③ 道路・公園などの都市計画決定が行われている区域内でも、生産緑地地区の指定は可能であり、これらの事業が実施される段階で、生産緑地地区から除外されます。
④ 逆に高度利用地区など、土地の有効・高度利用を図ろうとしている地区は、原則として生産緑地の指定はできません。

■4 生産緑地地区の都市計画の変更

　生産緑地地区の都市計画の変更は、都市計画上の必要性が生じた場合以外は行われません。したがって農地所有者の意思によることはもちろんのこと、営農を停止した場合などでも、生産緑地地区の都市計画の変更（解除）はできないので注意が必要です。生産緑地地区内の農地等の一部が公共施設等に供され、生産緑地地区から除外された場合、残った農地等だけでは生産緑地地区としての要件を欠いたときには、生産緑地地区は廃止されま

す。なお、重要なことは、生産緑地地区の指定は農地所有者の同意が必要であるが、都市計画の変更・決定の際は不要とされていることです。

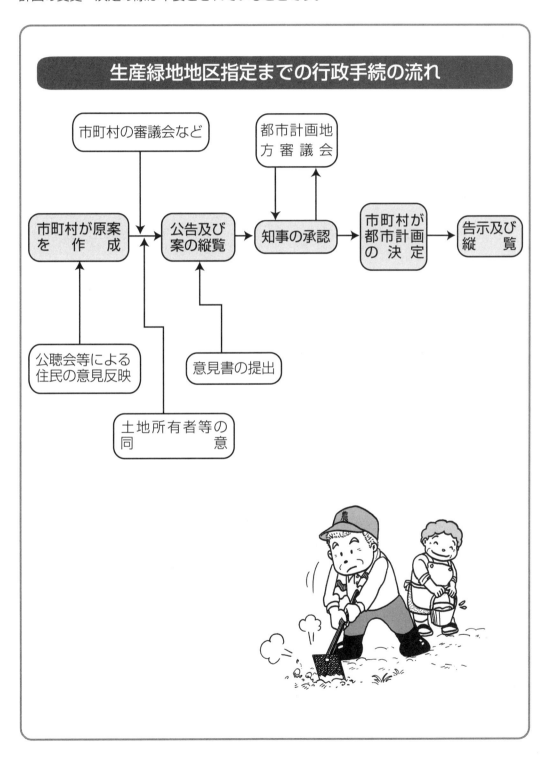

3-6 生産緑地に対する行政及び所有者等の管理義務

　市町村は、生産緑地にはこれを表示する標識を設置しなければならない等、生産緑地の所有者（耕作権者を含む）は、その生産緑地を農地等として管理しなければいけません。ここ数年、この管理義務に対する行政側のチェックが大変厳しくなってきています。

1　生産緑地に対する標識の設置義務

　生産緑地法は第6条で「市町村は生産緑地地区に関する都市計画が定められたときは、その地区内に、これを表示する標識を設置しなければならない」と定めています。そして生産緑地所有者等は正当な理由がない限り、この標識の設置を拒み、又は妨げてはならないとされています。畑などの中に『生産緑地地区』と書かれた緑のポール等が立っていますが、これが生産緑地であることの標識になります。

2　生産緑地についての所有者等の管理義務＝肥培管理義務

　生産緑地法は第7条で、生産緑地の所有者は「その生産緑地を**農地等**として管理しなければならない。そしてその管理のための必要な助言、土地の交換のあっせんその他の援助を求めることができる」旨定めています。この生産緑地を「農地等として管理しなければならない」というのはどのような行為を意味するのでしょう？　生産緑地法は第2条で、農地等は「現に農業の用に供されている**農地**若しくは……」と定め、農地とは農地法第2条に「耕作の目的に供されている土地」と定められています。したがって、生産緑地法第7条にいう管理義務とは、耕作する義務あるいは肥培管理義務と置き換えることができます。

3　生産緑地に対する肥培管理義務のチェックの強化の流れ　～アメとムチ～

　三大都市圏の特定市の市街化区域内の農地は、原則的には固定資産税等及び宅地並み課税されることになっていますが、生産緑地地区に指定されることで農地課税となっています。このことを「アメ」だとすれば、30年間の長期にわたる肥培管理義務は「ムチ」といえるかもしれません。平成4年の生産緑地法改正から10年が経過した頃から、行政側がこの「ムチ」、つまり生産緑地についての肥培管理義務のチェックを強化しつつあるように思われます。少なくとも首都圏では、平成12～13年頃までとは明らかに違う厳しい対応が見られます。生産緑地所有者等は、今後ますます肥培管理の問題がクローズアップされることを覚悟する必要があります。

4　生産緑地の管理に対する農業委員会の助言・指導の強化

　少なくても年に1回、各地の農業委員会では、それぞれの行政区域内の生産緑地地区を巡回して、管理状況つまり肥培管理の状況を指導することになっていますが、ここ数年、例えば右ページのような指導を行うようになっており、当該者にはかなり強いプレッシャーになっています。

　なお、農業委員会は公選制にはなっていますが、区域内の地域の代表としての要素があることも事実であり、巡回指導の際、各委員の居住地には同行させない工夫なども見られます。

平成　　年　月　日

　　　　殿

　　　　　　　　　　　　　　　農業委員会
　　　　　　　　　　　　　　　会長

農地の適正管理の徹底について

　農業委員会では、農業委員による農地の適正な管理について日々調査を実施しているところであります。

　今回あなた様が所有している下記の農地は管理不十分な状態に見受けられました。

　今の状態では、農地本来の機能を発揮できないばかりでなく、地域住民からの都市農業に対する理解が得られなくなる恐れがあります。

　農地の管理は言うまでもなく所有者の責務であります。色々とご事情もあると思いますが、早急に農地の適正管理に努められるようお願いします。

記

改善を要する農地

　　　　　　　　　　　　　　筆　　　計　　　㎡

（特に、住宅地と隣接する農地については、十分な管理をお願いします）

3-7 生産緑地の行為制限と原状回復

　生産緑地地区に指定されると、建築物の新築や増改築、あるいは宅地造成などは、原則的にできなくなります。生産緑地が「売れない・貸せない・建てられない・借りられない」のは、この行為制限があるからです。

1 生産緑地地区内の行為制限の内容

　生産緑地法は第8条で、次の①〜③の行為について市町村長の許可を受けなければならないとして、規制されています。

- ①　建築物その他の工作物の新築、改築又は増築
- ②　宅地の造成、土石の採取その他の土地の形質の変更
- ③　水面の埋立て又は干拓

　ただし、公共施設等の設置もしくは管理に係る行為、又は、非常災害のため必要な応急措置として行う行為については、許可は不要としています。

2 生産緑地地区内の行為制限の趣旨

　もともと生産緑地地区は、30年間の長期にわたる営農継続を前提として、農地の所有者等の同意を得た上で、都市計画法に基づき都市計画の決定により指定された区域です。生産緑地地区指定の趣旨や目的に反する行為を認めないことによって、環境機能とか多目的保留地機能の継続を確保するための行為の制限ということになります。また、公共施設等の設置又は管理に係る行為について許可を不要としたのは、これも生産緑地地区の目的のひとつだからと解釈されています。

3 生産緑地内の行為制限の例外規定

　生産緑地に期待される良好な環境の保全機能からすれば、指定された時点のままで営農が継続されることが望ましいのですが、一方、農林漁業の継続を期待している以上は、農林漁業を営むためには必要不可欠で、かつ全体としての生産緑地の保全上支障のないものについては認めざるをえないとの判断により、次のような施設については例外的に認められています。

- ①　農作物等の生産又は集荷の用に供する施設
- ②　農林漁業の生産素材の貯蔵又は保管の用に供する施設
- ③　農作物等の処理又は貯蔵に必要な共同利用施設
- ④　農林漁業に従事する者の休憩施設
- ⑤　その生産緑地地区等において生産された農産物等を使用する製造又は加工の用に供する施設
- ⑥　上記⑤の農産物等又はこれを主たる原料として製造・加工された物品の販売の用に供する施設
- ⑦　上記⑤の農産物等を主たる材料とする料理の提供の用に供する施設

以上のとおり限定列挙して、その他は認めないといった厳しい対応となっています。

第3章◆生産緑地制度

4 行為の制限に違反した場合は原状回復義務がある

　生産緑地法は第9条において、市町村長は上記の行為の制限に違反した者に対し、必要な限度においてその原状回復を命じ、又は原状回復が著しく困難である場合にこれに代わるべき必要な措置をとるべき旨を命ずることができると定めています。旧建設省の解説によれば、「原状回復」とは行為を行う以前の状態に戻すことをいい、畑地であれば畑地の状態にまで戻すことをいいます。また、「著しく困難な場合のこれに代わるべき措置」とは例えば水田を埋め立てて宅地造成をしたとき、水田に戻すことが客観的に見て難しい場合は、畑地等に造成することなどがあるということです。

生産緑地の行為制限とその影響

1．生産緑地地区内における行為制限（生産緑地法第8条）
　・買取りの申出ができるまでの期間……建築物の新築等の行為が制限される。

2．原状回復命令（生産緑地法第9条）
　・上記1の行為制限に違反した場合は、市町村長は原状回復や代替措置を採ることを命じることができる。

3．行為制限の影響（40ページ参照）

売れない No.1

40ページの条件②、条件③に該当せずに30年経過の途中で、何らかの家の事情（自宅の建て替えや冠婚葬祭等）で農地を売ってまとまった現金収入を得たいと思っても買取申請ができないので、基本的に売却はできません。

貸せない No.2

農業経営に見切りをつけて第三者に農地を転貸しようとしても、これはできません。生産緑地を選択した時点で法律上「条件①～条件③が満たされない限り農業経営の意思はある」と表明したものとみなされているのです。買取申請をして転用の条件をもらおうと思っても、買取申請の条件は限定列挙で非常に厳しく、まずはできないと思っておいた方が無難です。

建てられない No.3

農業経営だけの収入では不安だから、賃貸アパート・マンションを建築してこの不動産収入で補おうと思っても、これもできません。買取申請による転用の条件の難しさは上記「貸せない」と同様です。

借りられない No.4

生産緑地としての農地は、担保評価は基本的にゼロに近いと考えるべきです。万が一のときに、土地を担保に金融機関からお金を借りようにもこれができなくなっているのです。

3-8 生産緑地の税務上の特典

　生産緑地の最大のメリットは、「税」の優遇措置が受けられることにあります。特に固定資産税（都市計画税）の保有税及び相続税の納税猶予制度の適用が、厳しい条件の下とはいえ、受けられるのは二大特典といえます。

１ 固定資産税及び都市計画税の軽減特例

　三大都市圏の特定市の市街化区域内にある農地は、平成３年限りで長期営農継続農地制度が廃止されたこともあり、平成４年以降は原則的として、すべて宅地並み課税されることになっています。

　ただし、平成４年１月１日現在生産緑地地区として指定された農地と、昭和49年の都市計画決定で指定された生産緑地で、新生産緑地への指定替えに応じなくてそのまま継続している、いわゆる旧生産緑地については、例外的措置として固定資産税等は宅地並み課税を免除し、市街化調整区域内の農地などと同じように農地課税となっています。

２ 相続税の納税猶予制度の特例が受けられる

　平成４年１月１日以後の相続開始から、特定市街化区域内農地等、三大都市圏の特定市の市街化区域の農地等については、相続税の納税猶予制度の適用が受けられなくなってしまいました（租税特別措置法第70条の６第１項）。しかし、特定市市街化区域内農地であっても、上記■と同じく、平成４年１月１日現在生産緑地地区に指定された農地等のうち、平成３年１月１日において"いわゆる"三大都市圏の特定市の区域内に存在した農地（都市営農農地等という（租税特別措置法第70条の４第２項第４号））については、相続税の納税猶予制度がその他の農地等とは異なる条件ではありますが、認められています。

　以上をまとめると、三大都市圏の特定市の市街化区域内農地については、平成４年１月１日以降の相続開始から相続税の納税猶予制度の特例は受けられなくなりましたが、生産緑地については例外的に、一定の条件の下で同制度が受けられることになっています。

３ 生産緑地に対する相続税評価上の評価減の特例

　相続税法の財産評価基本通達では、生産緑地の評価はその土地が生産緑地でないものとして評価した価額から、右ページ図２のそれぞれに掲げる減額割合を乗じて出した金額を控除して評価することになっています。生産緑地以外の農地と比べて５％〜35％も評価上有利になりますが、実務上は現在のところ、５％以外の評価減を適用することはほとんどないので、注意が必要です。

４ 生産緑地は、不動産取得税や登録免許税も軽減される

　生産緑地は農地課税となっているため、固定資産税評価額は極めて低いものとなっており、不動産取得税及び登録免許税は固定資産税評価額が課税基準となっているため、結果として税負担が軽減されています。

５ 地方公共団体等が買い取った場合は、特別控除があり、生産緑地法第10条の買

50

取りの申出に基づいて、地方公共団体、土地開発公社等が買い取った場合には、譲渡所得税の計算上、1,500万円の特別控除が認められています。

図1

固定資産税等に対する優遇措置

生産緑地は、長期間の営農行為が前提となるため、固定資産税や都市計画税等の保有税が軽減されます。

相続税に対する優遇措置

生産緑地は、終身営農等を条件に、相続税に対する納税が猶予されます。

図2

区　　　　分	減　額　割　合	
課税時期において市町村長に対し買取りの申出をすることができない生産緑地	課税時期から買取りの申出をすることができることとなる日までの期間	割　　合
^	5年以下のもの	100分の10
^	5年を超え10年以下のもの	100分の15
^	10年を超え15年以下のもの	100分の20
^	15年を超え20年以下のもの	100分の25
^	20年を超え25年以下のもの	100分の30
^	25年を超え30年以下のもの	100分の35
課税時期において市町村長に対し買取りの申出が行われていた生産緑地又は買取りの申出をすることができる生産緑地	100分の5	

3-9 主たる従事者と買取りの申出

　わが国の場合、農業は主に家族経営が基本的な形であり、主たる従事者を世帯主に限定すると、30年間の肥培管理が難しくなること等を考慮して、一定割合以上の農業等の従事者も主たる従事者とみなしています。

❶ 主たる従事者及び従たる従事者とは

　右ページのとおり、その者がいないと生産緑地の農業経営が客観的に見て不可能になる者を示しますが、生産緑地制度は、生産緑地所有者等が原則的には30年間、肥培管理をすることを前提にしており、主たる従事者を世帯主などに限定すると、この前提を維持することが難しくなります。

　そこで、右ページに示すように、農業等の従事日数が一定割合以上の者も主たる従事者とみなす（以下、従たる従事者という）ことにしています。生産緑地法上、明確な規定はありませんが、わが国の農業が家族経営を基本としているところから、この従たる従事者は家族を前提としていると考えられています。

❷ 従たる従事者の判断は、誰がどのようにする?

　「一定割合以上、農業等に従事している者」であるかどうかについては各市町村長が判断することになりますが、その際、個々の従事者の従事日数の把握については各地域の農業実態等に精通している農業委員会が判断し、証明書を発行することになっています。

❸ 主たる従事者及び従たる従事者(以下、主たる従事者等という)の故障と買取り申出

　主たる従事者等が死亡すれば、生産緑地法第10条により、30年経過しなくても「買取りの申出」ができることになっていますが、仮に死亡せず、かつ重大な身体などの故障があり、生産緑地の肥培管理の継続が、客観的に見て不可能な場合はどうするのかという問題があります。この場合、右ページのとおり、両眼の失明など一定の事由が生じた場合や、1年以上の期間入院が必要な疾病等の場合も「買取りの申出」ができることとしています。

❹ 一定の事由についての判断

　農業等に従事することを不可能にさせる故障については、各市町村長が認定することになっていますが、生産緑地法第10条による「買取りの申出」を行う場合には、疾病等の障害については医師の診断書の添付が必要となります。

　なお、1年以上の入院加療が必要な場合以外にも、主たる従事者等が、養護老人ホームや特別養護老人ホームへの入所、あるいは著しい高齢となり、営農が続けられなくなった場合等も、一定の事由の判断の対象になるといわれています。疾病等の障害については、医師の診断書があれば比較的容易に「申出」を受理し、結果的に生産緑地の解除を認めている行政もあります。

第3章◆生産緑地制度

主たる従事者（従たる従事者を含む）及び故障の範囲

	生 産 緑 地 法
主たる従事者	㈡　中心となって農業等に従事している者で、その者が従事できないと生産緑地における農業経営が客観的に不能となる場合の当該者。 ㈣　㈡の中心となる者が65歳未満の場合はその者の従事日数の８割以上、65歳以上の場合はその者の従事日数の７割以上従事している者も、主たる従事者とみなされる。 ㈥　貸借円滑化法により生産緑地を貸借した場合に、所有者が主たる従事者の年間従事日数の１割以上の日数分、業務に従事している者も主たる従事者とみなされる。
一定の事由	一．次に掲げる障害により農業従事ができなくなる故障として各市町村長が認定したもの 　イ．両眼の失明 　ロ．精神の著しい障害 　ハ．神経系統の機能の著しい障害 　ニ．胸腹部臓器の機能の著しい障害 　ホ．上下肢の全部又は一部の喪失又はその機能の著しい障害 　ヘ．両手、両足の指の全部又は一部の喪失又はその機能の著しい障害 　ト．その他イからヘまでに準ずる障害 二．１年以上の期間を要する入院その他の事由により農業等に従事することができなくなる故障として、各市町村長が認定したもの

3-10 「主たる従事者」という名称が混乱を招く

　生産緑地制度は都市計画の決定による生産緑地地区指定に基づくものですが、農地所有者等の生産緑地に対する継続的な肥培管理を前提として成り立っている制度であり、農林漁業の主たる従事者が誰であるかは、最も重要なテーマのひとつです。

１ 主たる従事者とは誰を指すのか?

　主たる従事者について、生産緑地法では第10条で、その生産緑地に係る農林漁業の主たる従事者と述べているだけですが、旧建設省の解説等によれば、主たる従事者とは、中心となって農林漁業に従事している者で、その者が従事できなくなると、生産緑地における農林漁業経営が客観的に不可能となる場合の、その者をいうとされています。また、旧建設省令により、右ページ図□に示す一定の者も主たる従事者とみなすこととしています。

２ 「主たる従事者」の名称は実態と合致しない

　生産緑地法が第10条で「農林漁業の主たる従事者」という表現を用いているため、各行政の担当者や税務の専門家など、実務の現場を混乱させているように思われます。つまり、主たる従事者という以上「実際に生産緑地について肥培管理を行っている者」と解釈するのが一般的ではないでしょうか。仮にそのとおり解釈すると、生産緑地所有者である父親がかなりの高齢で、実際の肥培管理は子供である場合、子供は主たる従事者になるが、父親は主たる従事者ではないことになります。

　生産緑地法第10条では、死亡した時も生産緑地の買取りの申出ができることになっていますが、このケースでは父親が死亡しても、主たる従事者の死亡を原因として、買取りの申出ができないことになります。結論的に言えば、「主たる従事者」とは、特別の理由がない限り生産緑地の所有者と同じでなければ、例えば相続税の納税猶予制度等との整合性もとれなくなると思われます。

３ 主たる従事者の判定についての判決　—名古屋高裁・平成15年4月16日判決—

　この裁判は相続税における生産緑地の評価について、納税者と税務署が争った事案ですが、その内容はまさに、誰が生産緑地法第10条に規定する「主たる従事者」かを争ったものです。相続税法の財産評価基本通達は、生産緑地の評価について、買取りの申出ができない期間の長さによって5％～最大35％の評価減があり、この事案は納税者側が「父親は農業に従事していないから主たる従事者ではなく、子供が主たる従事者であり、主たる従事者である子供が生きているから、生産緑地の買取りの申出はできない」と主張し、税務署は「主たる従事者とは実際の農業の労働力だけで判断するべきではなく、生産緑地の農業経営は誰が主体的にやっていたかで主たる従事者を判断すべきである」として争われました。

　結果、名古屋高等裁判所は平成15年4月16日の判決で、「生産緑地法における主たる従事者は、現実に労働力の提供という要素だけに限定すべきではなく、資本その他の経営面における要素も総合考慮した上で、……判断すべきである」として、税務署に軍配をあげたのでした。

主たる従事者とは誰のことか？

```
主たる従事者
   ‖
中心となって農業等に従事
している者で
```

イ その者がいないと生産緑地の管理（肥培管理）が客観的に不可能となる当該者

ロ 従事日数が65歳未満は8割以上、65歳以上は7割以上の者も主たる従事者とみなされる（従たる従事者）

《参考》

**名古屋高等裁判所判決
（平成15年4月16日）**

主たる従事者は、労働力の提供という要素だけで判断すべきではなく、資本等の経済面も総合的に考慮すべきであり、結果的には生産緑地所有者と判示。

3-11 「買取りの申出」＝「買取申請」

　買取り申出制度は、生産緑地所有者の権利救済の観点から設けられた制度であり、一般的には「買取申請」の呼び方のほうが定着しています。生産緑地所有者の側からすれば、都市計画の決定による生産緑地地区指定の解除のための手続というイメージが強くなっています。

■1 買取りの申出制度の概要

　いわゆる生産緑地は、都市計画の決定による地区指定内にある農地のことであり、原則的には都市計画の変更がない限り、その農地の転用は不可能です。しかしながら、農地の特殊性から所有者の継続的な肥培管理なくしては生産緑地としての保全が難しいこと、また、農地所有者が肥培管理できる期間には物理的な制約があること、そして個人の財産権との兼ね合い等もあり、農地所有者は市町村長に対し、買取りの申出ができることになっています。

■2 買取り申出の要件

　「生産緑地の買取りの申出」については、生産緑地法第10条に規定されていますが、その内容をまとめると、生産緑地の所有者は、①都市計画決定による告示の日（生産緑地地区指定の日）から起算して30年を経過した時、又は、②農林漁業の主たる従事者（従たる従事者を含む）が死亡し、もしくは③農林漁業に従事することを不可能にさせる故障を有するに至った時は、市町村長に対し、書面をもって、その生産緑地を時価で買い取るべき旨を申し出ることができる、となっています。

　なお、平成4年11月の新生産緑地地区指定の都市計画決定の際、農地所有者の同意が得られなかった旧生産緑地については、上記①の30年を経過した時を第1種生産緑地については10年、第2種生産緑地については5年と読み替える経過措置も設けられています。

■3 買取り申出制度に対する生産緑地所有者の見方・受け止め方

　行政側は、生産緑地の「買取り申出制度」は農地所有者等に対する救済措置といった捉え方（旧建設省の解説書などから）をしています。

　都市計画法に基づく都市計画決定による生産緑地地区指定であり、農地所有者自らも同意したとはいえ、現実に生産緑地を30年もの間管理することは、平成4年当時の予想をはるかに超えて厳しいことが徐々に理解されてきたこと、農業従事者の高齢化が進み、農業後継者の育成も難しく、営農を止めようにも30年経過するか、生産緑地所有者が死亡するまで買取りの申出ができないことなど「買取りの申出制度」の問題点が懸念されます。

■4 買取りの申出に対する行政の対応

　生産緑地法第10条に基づく生産緑地所有者からの買取りの申出があった時は、市町村長は特別の事情がない限りその生産緑地を時価で買い取るものとし、買い取らない場合は1ヶ月以内に「買い取らない旨の通知」を発送し、それから2ヶ月間、農業従事者等へのあっせんに努めなければならないとされています。不調の場合に、生産緑地所有者からすれば、めでたく生産緑地地区指定の解除ということになります。

第3章◆生産緑地制度

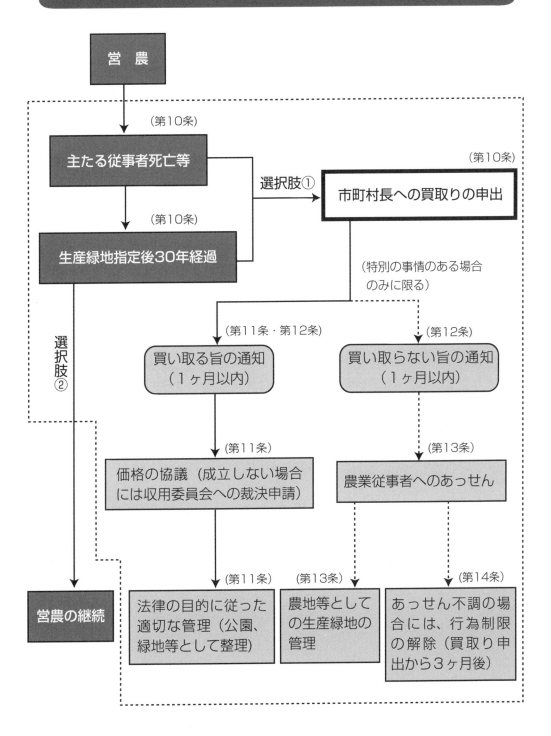

3-12 生産緑地法第10条

　生産緑地法第10条は、同法の根幹をなす条文であり、この条文の理解なくして生産緑地制度の理解は不可能だといっても過言ではありません。ポイントになる事柄について解説しましょう。

1 営農期間を30年とした理由

　営農期間を30年とした理由は、次の2つの基準からとされています。

　① 期限を定めない永小作権（民法第278条第3項）、非堅固な建物の借地権（借地法第2条）等も30年であり、通常土地の利用について予測のつく範囲は30年と考えられること

　② 農業従事者の平均農業従事可能年数は約30年であり、営農期間を30年に延長しても、過度な権利制限にはならないと考えられること

　しかしながら、都市農家にとっても後継者育成は深刻なテーマであり、今後この『30年』という営農義務期間は、都市農家にとって大きな問題となると思われます。

2 行政（特定市）は買い取っているのか？

　生産緑地法の第11条は、市町村長は生産緑地の所有者から買取りの申出があった時は、別に買取りを希望する地方公共団体等を定めた場合を除き、「特別の事情がない限り、その生産緑地を時価で買い取るものとする」と強制規定になっています。つまり、市町村にその申出に応ずる行政上の責任があることを明確にしたものです。

　ただし、実際はどうでしょうか？　生産緑地法第10条の主たる従事者の死亡を原因とする、膨大な数量の生産緑地の買取りの申出が行われているわけですが、行政側（現在は三大都市圏の特定市）は、同法第11条に基づいて買い取っているのでしょうか？　著者は過去100件以上の買取りの申出の手続のお手伝いをしていますが、一度も買取りについて見聞したことがないことから想像するに、行政側の買取りはほとんど行われていないのではないかと思います。

3 「特別の事情」とはどのようなものか？

　「特別の事情」とは、町村が買い取ることができない真にやむをえない場合が生ずることを考えて規定されており、例えば①その土地が公園や緑地などの公共施設等の敷地として明らかに不適当である場合、②著しい不整形地で、その土地だけでは利用できないような場合、③財政赤字で再建団体となっている市町村の場合、財政上の理由も特別の事情に含まれる、とされています。

生産緑地の買取りの申出（生産緑地法第10条）

❶ 営農義務期間

　生産緑地地区指定（都市計画決定）から

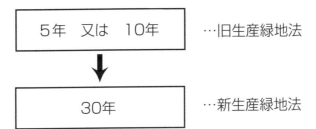

❷ 市町村の買取価格
　　　＝
　　　時　価

❸ 市町村が買い取る場合（63ページ参照）

❹ 市町村が買い取らない場合（65ページ参照）
　　　＝
　　　特別の事情

3-13 買取申出書の書き方

　生産緑地は都市計画の決定による地区指定であり、基本的には都市計画道路などと同じように土地所有者といえども任意に転用はできませんが、一定の条件の下、市町村長に対して右ページの申出書により買取申請を行うことができることになっています。

１ 「買取りの申出を行う者」は誰か

　生産緑地の買取りの申出ができる者は、生産緑地法第10条で生産緑地の所有者と限定しています。平成４年以降に地区指定された生産緑地は、指定からまだ30年経過していないので、一般的には生産緑地所有者の死亡による買取り申出になるため、遺産分割協議が整い（あるいは遺言執行）相続登記が終わって、生産緑地の所有者が確定していればその者になりますが、買取り申出の時点で未分割であれば、原則的には相続人全員が「申出をする者」になります。各行政によって異なりますが、この申出書は都市計画課などに提出します。

２ 「買取り申出の理由」の書き方

　生産緑地の場合、指定から30年経過していないため、買取りの申出の理由は「主たる従事者の死亡」又は「故障の発生」となりますが、死亡又は故障した者が主たる従事者に該当するかどうかの認定は農業委員会が発行する証明書によります。また、主たる従事者の農業等に従事できなくなる故障については、医師の診断書等を添付することが必要になります。

３ 「買取り希望価額」はどのくらいが適正か

　生産緑地法第11条第１項で、市町村長は買取りの申出があった時は、特別の事情がない限り、その生産緑地を時価で買い取るものと定めています。

　したがって、時価を書けばよいことになりますが、問題は時価はどの程度か、ということになります。特に定めはありませんが、「公示価格×0.8＝路線価」から逆算して、その生産緑地の路線価による宅地としての評価額を0.8で除した数字を理論時価として、諸経費を加算した価額、あるいは周辺の取引事例等を不動産業者に聞きとりした価額などを指導しています。

４ 「その他参考となるべき事項」とは?

　これらは一般的には添付書類のことを示しているようです。これも各行政によって多少違いはあるようですが、一般的には次のようなものです。
① 　新たな所有者が確定している場合
　　　　　全部事項証明書（写）　　１通
　　　新たな所有者が確定していない場合
　　　　　全部事項証明書（写）　　１通
　　　　　遺産分割協議書（写）　　１通
② 　死亡者の主たる従事者の証明書

（農業委員会発行）　　　　1通
③　申出者の印鑑証明書　　　1通
④　当該生産緑地の周辺地図（住宅地図等）　1部

生産緑地買取申出書

様式1

生産緑地買取申出書

平成　年　月　日

　　　　　殿

申出をする者	住　所			
	氏　名		㊞	電話番号	

生産緑地法第10条の規定に基づき、下記により、生産緑地の買取りを申し出ます。

記

1　買取申出の理由
　　ア　生産緑地に係る農業の主たる従事者が死亡したため
　　イ　生産緑地に係る農業の主たる従事者が病気、けが等により農業に従事できなくなったため
　　ウ　その他（　　　　　　　　　　　　　　　　　　　　　　）

2　生産緑地に関する事項

所 在 及 び 地 番	地　目	地　積　㎡	当該生産緑地に存する所有権以外の権利（抵当権等）		
			種　類	内　容	当該権利を有する者の氏名及び住所

3　参考事項
（1）当該生産緑地に存する建築物その他の工作物に関する事項

所在及び地番	用　途	構造の概要	延べ面積㎡	当該工作物に存する所有権以外の権利（抵当権等）		
				種　類	内　容	当該権利を有する者の氏名及び住所

（2）　買取り希望価格 ＿＿＿＿＿＿＿＿＿＿＿＿　円
（3）その他参考となるべき事項

3-14 買取り申出で行政が買い取る場合の手続

　生産緑地法第10条に基づき生産緑地の買取りの申出がなされた場合、市町村長は特別の事情がない限り、その生産緑地を時価で買い取ることになっており、買い取る必要があると判断した場合、通知書を1ヶ月以内に発送しなければなりません。

1 買い取る旨の通知書の送付

　買取りの申出があった場合、各市町村長は「特別の事情がない限り」その生産緑地を時価で買い取ることになっていますが、この場合、買取りの主体はあくまでも当該市町村を含む地方公共団体等で、買取り後の利用目的は、生産緑地の持つ環境機能に着目して、公園・緑地等、公共空地としての利用を優先することとしています。そして買い取ることが決定したら、1ヶ月以内に買い取る旨の通知書をその生産緑地の所有者に送付しなければならないことになっています。

2 買い取る旨の通知書を発送した時点で売買契約成立!

　生産緑地法第12条第2項の「買い取る旨の通知」については、民事契約の特例として、市町村長の一方的意思表示である通知の発送をもって、その生産緑地について時価による売買契約が成立することになり、価額が決定された段階で、所有権は行政側に移転することになります。しかし、価額については時価によるとされていることから、価額については民事契約の原則に戻って、協議して定めることに同条第3項で定めています。

3 買取価額の基礎となる「時価」はどのように決められるのか?

　生産緑地制度における市町村長の買取価額については、「時価」によるものとされており、不動産鑑定士、官公署等の公正な鑑定評価を経た近傍類地の正常な取引価額や、公示価格を考慮して算定することにしています。ただし、この買取制度は生産緑地の所有者に対する権利救済のための措置であることから、都市計画法上の制限がある土地としての価額ではなく、市街化区域内に存する農地としての評価(宅地見込地としての評価)によるものとされています。

4 価額の協議が成立しないときはどうなるか?

　売買価額が決まらないのに、行政側の一方的な意思表示(買い取る旨の通知書の発送)で時価による売買契約が成立してしまい、価額は後で協議するという生産緑地の買取制度は極めて特殊な制度です。それでは仮に、価額の協議が不調だったらどうなるのでしょう? 生産緑地法第14条は、買取りの申出があった場合、3ヶ月が経過したら買い取られない場合でも、第7条から第9条の行為制限は解除されるが、買取りの規定等は解除されないので、価額の協議の継続は可能です。それでも仮に価額の協議が不調だったら相方とも収用委員会による裁決を申請できることから、最終的には裁決によって価額が決定されるため、必ず行政側は買い取ることができることになっています。

5 買い取った生産緑地の管理

生産緑地を買い取った市町村長は、生産緑地法第16条の規定に基づき、公園・緑地その他地方公共施設等の敷地として「良好な都市環境の形成に資する」よう適切に管理しなければならないとされています。

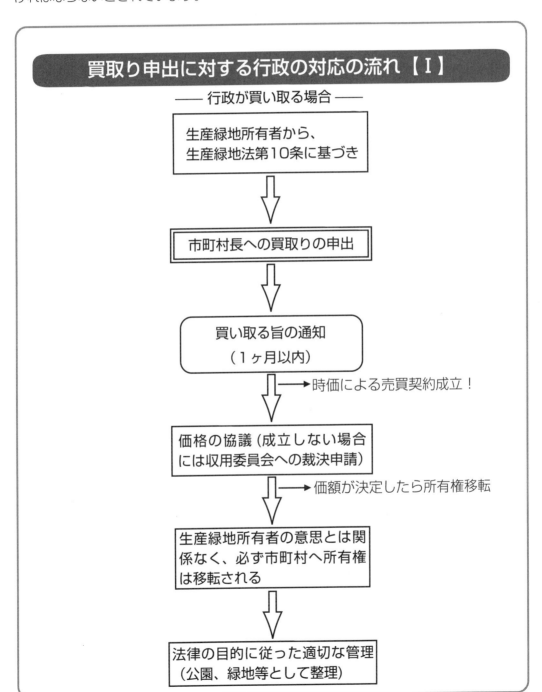

3-15 行政が買い取らない場合の手続

　生産緑地の所有者から買取りの申出があった場合、市町村長は原則として時価で買い取らなくてはいけませんが、「特別の事情」がある時は、買い取らなくてもよいことになっています。この場合でも、「買い取らない旨の通知書」を1月以内に送付することになっています。

◧ 買い取らない旨の通知書の送付とあっせん規定

　市町村長は「特別の事情」があり、生産緑地を買い取らない場合で、買い取らない旨の通知書を送付した場合でも、生産緑地法第13条の規定により、その生産緑地おいて農業等に従事することを希望する者がこれを取得できるようにあっせんすることに努めなければならないこととされています。

◨ 生産緑地地区内における行為の制限の解除

　生産緑地法第13条は、買取りの申出があった日から3ヶ月以内に地方公共団体等に買い取られず、所有権の移転が行われなかった時は、生産緑地地区内の行為の制限を解除する旨を定めています。つまり、主たる従事者等の死亡などにより、同法第10条の規定による買取りの申出を行って、行政が買い取らない場合、買い取らない旨の通知書が1ヶ月以内に送付され、さらに概ね2月間のあっせん期間（第2種生産緑地は経過措置により1月間）があり、買取申請をしてから3ヶ月が経過してようやく行為の制限が解除され、晴れて農地転用が可能となるわけです。

◳ まったくムダな3ヶ月間!

　新生産緑地については、平成4年の地区指定から30年経過していないことから、買取りの申出の原因は、主たる従事者等の死亡だと考えられます。さらに生産緑地を解除する理由は、実務的には相続税の納付のための解除が圧倒的に多いように思われます。相続税の納税のために生産緑地を解除して売却する場合、行政が買い取る可能性はほとんど"無"にもかかわらず、申告納税期限までの貴重な時間のうち、買取りの申出をしてから3ヶ月間、売却のための準備行為（農地転用届など）ができないことになり、生産緑地所有者からすれば、まったくムダな3ヶ月間ということになります。

◴ 売却予定の生産緑地の買取申請は早めに!

　3ヶ月が経過してから買い手を見つけ、**売買契約→農地転用届→500㎡以上の土地の場合は開発許可申請（通常数ヶ月かかります）→開発許可が下りて、残金決済→相続税納付**となると、相続税の申告・納付期間までほとんど時間の余裕はありません。したがって、納税のために売却予定の生産緑地については、買取りの申出は早めに行う必要があります。

◵ 売却予定の生産緑地については遺産一部分割協議書作成も有効

　生産緑地買取届出書には、新しい所有者が決まっていない場合、遺産分割協議書の添付が必要ですが、相続人間の遺産全体についての分割協議は、一般的には時間がかかります。

また、生産緑地の解除には3ヶ月必要なこともあり、納税のために売却予定の生産緑地についてのみ、一部分割協議書作成は実務上、有効な場合が多くなっています。

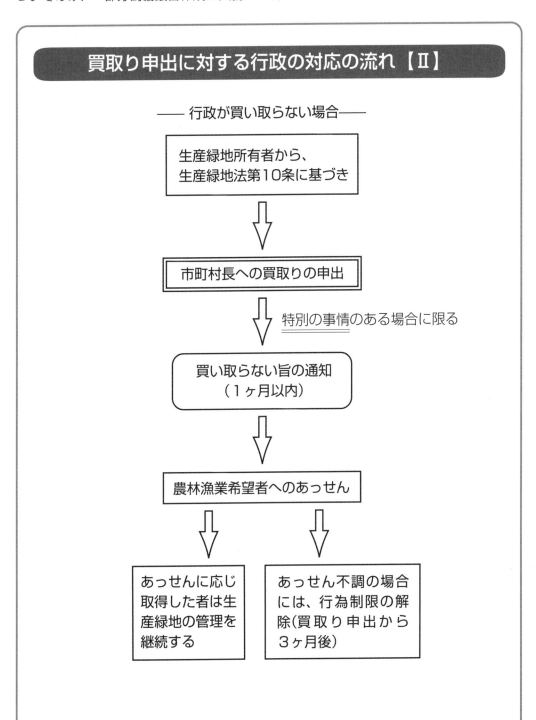

3-16 行政によって違う買取り申出への対応

　生産緑地の所有者である主たる従事者が死亡し、その相続人が相続税納税資金確保のため、生産緑地の買取りの申出を行った場合、「主たる従事者の証明書」の発行などをめぐって行政の対応に違いが見られます。

1 生産緑地法第10条の趣旨と解釈

　生産緑地法第10条の趣旨は、旧建設省の解説によると、生産緑地は都市計画の決定による地区指定であり、基本的には30年にわたり農地転用制限が行われているため、主として生産緑地所有者の権利救済（私権との調整）のため、市町村長に対し時価で買取りを申し出ることができるように措置したということです。

2 生産緑地法第11条及び第12条の内容

　第10条に基づく買取りの申出ができる3つの原因のうち、いずれかにより生産緑地の所有者が買取りの申出をした場合の行政側の対応については、第11条で「特別の事情がない限り、その生産緑地を時価で買い取るものとする」と規定し、第12条で「申出があった日から起算して1月以内に、買い取る旨又は買い取らない旨を通知しなければならない」とし、価額については、行政と生産緑地の所有者で協議しないと規定しています。

　ほかにも細かい規定はありますが、買取りの申出があった場合の行政の対応について、基本的なところはこの2つです。

3 買取りの申出に対する行政の対応の不統一

(1)　相続税の納税猶予制度の適用を受けない生産緑地は、すべて買取申請をしなければならない？

　さすがに最近は、このような指導をするケースは少なくなったようですが、いまだにこのように指導を受けた例が皆無ではないようです。

(2)　1回の相続（主たる従事者の死亡）で買取申請は1回しかできない？

　主たる従事者の死亡によって、原則として1年以内に農業後継者である主たる従事者の届出をする必要があるとし、この届出をした場合は、その後買取申請をする事はできないとする農業委員会が多いようです。しかし、このように厳格に取扱っていない農業委員会も多く見受けられます。

(3)　その他、次のようなものもあります

　①　買取申請は主たる従事者の死亡後、3年以内しかできない？

　②　生産緑地の所有者が死亡し、所有権が移動し、主たる従事者が代わったから、そこから30年経過しないと買取りの申出はできない？

　③　一団の生産緑地は、全体を一括で買取申請すべきである？

　上記の事例は、2人の著者がお客様の買取りの申出の書類作成などを手伝う中で、少なくとも10市（区）以上の行政で、実際に経験した事例のみを挙げてあります。第10条に基づく「買取りの申出」に対する行政側の対応基準を明確にし、各行政の担当者への周知を図らなければ、同じ法律の適用を受けながら、行政単位ごとの生産緑地所有者の中で不公平が続くことになり、早急な対応が望まれるところです。

第3章◆生産緑地制度

買取りの申出に対する行政の事務手続の流れ

「生産緑地に係る農業の主たる従事者についての証明願」を他の添付書類※1と一緒に農業委員会へ提出

↓

※1 ・土地の全部事項証明書
　　　（相続登記が済んでいない場合は分割協議書も必要）
　　・戸籍関係書類
　　　（各市町村により異なる場合もあるので確認してください。）

各市町村の都市計画課等※2に買取りの申出をする
　添付書類：生産緑地買取申出書
　　　　　　農業委員会発行の「主たる従事者の証明書」
　　　　　　住宅地図・公図・登記簿謄本
　　　　　　申請者の印鑑証明
（各市町村により異なる場合もあるので確認してください。）

※2　都市計画課等の名称は各行政により違います。

各市町村が、買い取る又は買い取らない旨の通知書を各行政長名で発送

3-17 生産緑地の追加指定

　農業と調和した都市環境の保全の観点から、保全すべき緑地（農地）の減少傾向に歯止めをかける目的で、各行政で生産緑地の追加指定の動きがみられます。

1 生産緑地地区の追加指定の動きの背景

　この背景には、平成４年の生産緑地法改正及び都市計画の決定による生産緑地地区指定の際の指定率に遠因があると思われます。営農継続を前提とする生産緑地制度の特殊性から、生産緑地地区指定は農地所有者等の申請（同意）に基づいて指定されましたが、平成４年当時の三大都市圏の平均の申請率は、予想よりはるかに低い約30％というものでした。買取りの申出ができない期間が30年と、それ以前の旧生産緑地法の５年又は10年と比べ、大幅に延長されたことが原因といわれています。約70％弱が宅地化農地を選択した結果、平成６年以降の固定資産税等の保有コストの上昇、あるいは公示価格の高止まりの結果としての路線価の高止まり及び地価下落による相続税負担増による納税のための農地売却の拡大などが重なり、都市農地の減少の進捗が危険水域に達しつつあることが背景にあると思われます。

2 生産緑地地区の追加指定に対する行政側の理由と、農地所有者等の考え方のズレ

① 行政側の理由

　平成４年の生産緑地地区指定後の三大都市圏の特定市における農地の推移を見ると、生産緑地に比べ、宅地化農地の転用による農地の減少が激しいこともあり、都市部における緑地保全の必要性から追加指定の申請を受けつける動きになっています。

② 農地所有者側のとらえ方

　一方、農地所有者等の側からみれば、平成４年の生産緑地地区指定の申請は極めて短期間の間に、30年の長期間、都市計画決定に基づく農地転用不可の下で農業を続けるかどうかの二者択一をせまられたこともあって、混乱のうちに申請した経緯があり、その結果が先に述べた約３割という予想を超えた低い申請率につながったと思われます。都市農家の置かれている状況に差異がほとんどないと思われる近隣の市（区）でも、行政単位によって申請率が大きく違うケースが多いのは、このことを裏づけているともいえます。

　事実、農地の現場ではどうしてこの農地を生産緑地の申請をしなかったのか？　あるいはなぜ生産緑地に申請したのか？　といった事例は数多く見られます。したがって農家からすれば、追加指定は平成４年の生産緑地地区指定のゆがみを是正する側面が強いように思われます。

3 追加指定に対する各行政間の姿勢の違い

　生産緑地地区の追加指定に対する各行政の考え方、姿勢には、明らかに違いが見られます。例えば、鎌倉市は平成４年の生産緑地地区指定以降も一貫して追加指定を受け続けており、また、特別区の世田谷区のように平成12年より追加指定を行っている積極的な行政と、特別区のＡ区の場合、担当者が追加指定は行わないと明確に否定している行政もあります。全体的にはあまり積極的ではないが、東京都が平成13年10月に策定した『東

京の新しい都市づくりビジョン』で生産緑地地区の指定促進を図ることとしていることもあり、平成14年頃から追加指定に向け動き出したように見受けられます。なお、追加指定の指定基準は、各行政によって多少異なります。

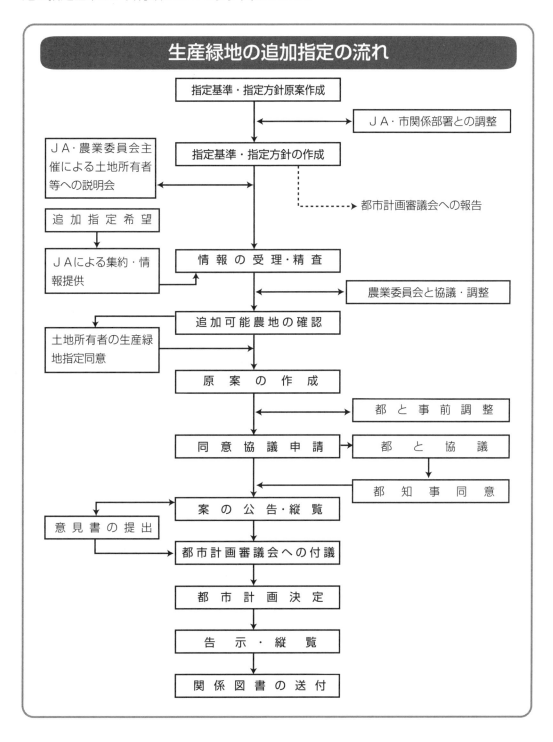

3-18 生産緑地の買取り希望の申出

　都市計画決定による生産緑地地区指定の規制を外す方法としては、通常生産緑地法第10条の規定による買取りの申出制度がありますが、その例外規定として、同法第15条に規定されているのが、「生産緑地の買取り希望の申出」制度です。

１ 生産緑地法第15条の趣旨と目的

　生産緑地制度は、農地所有者等の同意を前提としながら、30年の営農を義務づけることになっていますが、その救済措置として同法第10条で、一定の場合に限り買取りの申出を認めて、権利者の保護を図っています。しかしながら第10条の要件のような、主たる従事者の死亡や農業等に従事することが不可能とまではいえなくても、困難となるような特別の事情がある時は、「買取り希望の申出」を認めることとしています。この場合、市町村長はやむをえないと認めるときは、自ら買い取ること、又は地方公共団体等にあっせんすることに努めなければならないとしています。これによって、権利者の保護が一層厚くなるとともに、生産緑地法の目的のひとつである公有地の拡大に寄与するものです。

２ 生産緑地法第10条の買取りの申出制度との違い

　同法第10条は、買取りの申出ができる理由を次の3つに限定しています。

① 生産緑地地区指定から30年経過した時　又は

② 主たる従事者の死亡した時　又は

③ 主たる従事者が農業等に従事することを**不可能とさせるような故障**があった時

　これに対し同法第15条の規定は、「主たる従事者が疾病等により農業等に従事することが困難である等の特別の事情がある時」とされており、第10条の要件と比べて極めてゆるやかになっています。この場合、疾病等の認定は、医師の診断書により市町村長が行うことになっています。

３ 行政側の対応の違い

　同法第10条の買取りの申出に対しては、市町村長は特別の事情がない限り、その生産緑地を時価で買い取るものとするとしており、申出のできる要件も厳しいが、行政側にも厳しい義務規定となっています。これに対し第15条は、申出がやむをえないと認めるときは、自ら買い取るか、地方公共団体等へのあっせんに努める、いわば努力目標的な規定になっています。実務面では買取りの申出ができる要件が限定されていないことから、行政側の運用次第では、行政側及び生産緑地所有者の双方にとって利用価値のある制度に育つ可能性は大きいのではないかと思われます。

４ 生産緑地地区指定解除の取扱いの違い

　第10条の規定は、行政が買い取らない場合、買取りの申出から3ヶ月が経過した時点で、自動的に都市計画の決定による生産緑地地区の行為の制限が解除されますが、第15条の買取り希望の申出の規定は、行政側が買い取らない場合、3ヶ月を経過しても生産緑地地区の指定は解除されません。

第3章◆生産緑地制度

生産緑地買取希望申出書

様式3

生産緑地買取希望申出書

平成　　年　月　日

　　　　　殿

申出をする者	住　所	
	氏　名	印

生産緑地法第15条第1項の規定に基づき、下記により、申し出ます。

記

１．生産緑地に関する事項

所在及び地番	地　目	地　積	当該生産緑地に存する所有権以外の権利		
			種　類	内　容	当該権利を有する者の氏名及び住所
		㎡			

２．買取り希望価格　＿＿＿＿＿＿＿＿＿＿＿＿＿＿＿＿　円

３．買取り希望の申出の理由

４．参考事項

（１）当該生産緑地に存する建築物その他の工作物に関する事項

所在及び地番	用途	構造の概要	延べ面積	当該工作物の所有者の氏名及び住所	当該工作物に存する所有権以外の権利		
					種類	内容	当該権利を有する物の氏名及び住所
			㎡				

（２）その他参考となるべき事項

第4章　生産緑地と固定資産税

4-1　農地にかかる固定資産税は宅地より安い

　農地は、人間が生きていくために必要な食物を生産するのに不可欠です。そこで、農地に課税される固定資産税は非常に低くされています。しかし、市街化区域のように都市化が進められているところでは、宅地並みに課税されつつあります。

1 　農地の固定資産税は課税方法が大きく2つに分けられる

　農地の評価は原則として「農地を農地として利用する場合における売買価格を基準として評価した価額」で非常に低くなっています。市街化区域については「状況が類似する宅地の価格に比準する価格」によって評価されますが、実際には農地に準じた課税が行われ、税額は低くなっています。しかし、三大都市圏の市街化区域については、生産緑地を除いて宅地並み課税が行われています。

2 　農地課税

　農地課税が行われる農地（一般農地といいます）は、今後も農地として使用していくことを前提としています。したがって、その固定資産税評価は、その農地が農地として取引される金額を基準として決められています。その結果、宅地と比較して、固定資産税評価額が非常に低くなっています。

3 　一般農地の負担調整

　地価の急上昇により評価額が急激に上昇したことに対応するため、固定資産税の上昇を抑える「負担調整措置」がとられていますが、一般農地についても同様に負担調整措置がとられています。右ページの「一般農地の負担調整率」がこれに当たります。

4 　一般市街化区域農地

　一般市街化区域農地は、その市街化区域農地と状況が類似する宅地の価格に比準する価格で評価され、農地として利用している限りは農地に準じた課税で、負担調整率も基本的には一般農地にかかる負担調整率が適用されます。

5 　三大都市圏の特定市の宅地並み課税

　東京都の特別区及び首都圏、近畿圏、中部圏の既成市街地、近郊整備地帯などに所在する市（39ページの表に掲げる市）の市街化区域にある農地を特定市街化区域農地といいます。これらの市の市街化区域にある生産緑地を除く農地に対しては、宅地並み課税が実際に行われています。ただし、現に農地として利用していれば、将来宅地に転用されることを前提として一定の軽減措置がとられています。これについては74ページに詳しくまとめています。

第4章◆生産緑地と固定資産税

農地にかかる固定資産税

農地の区分	一般農地※4	市街化区域農地	
		一般市街化区域農地	特定市街化区域農地※3
評　　　価	農地評価※1	宅地並み評価※2	宅地並み評価
課　　　税	農地課税	農地に準じた課税	宅地並み課税
税　額　の 求　め　方	イ又はロのいずれか少ない額×税率 イ：当該年度の農地評価額 ロ：前年度の課税標準額×負担調整率※5	イ又はロのいずれか少ない額×税率 イ：当該年度の宅地並評価額×1/3 ロ：前年度の課税標準額×負担調整率※5	イ又はロのいずれか少ない額×税率 イ：当該年度の宅地並評価額×1/3×軽減率※6 ロ：前年度の課税標準額＋当該年度の宅地並評価額×1/3×5%※7

※1　農地評価とは、農地を農地として利用する場合における売買価額を基準として評価した価額をいいます。

※2　宅地並み評価とは、その市街化区域農地と状況が類似する宅地（類似宅地）の価格に比準する価格によって評価した価額をいいます。

※3　特定市街化区域農地とは、東京都の特別区及び首都圏、近畿圏、中部圏の既成市街地、近郊整備地帯などに所在する市（具体的には23ページの表に掲げる市）の市街化区域にある農地をいいます。

※4　一般農地とは、生産緑地である農地及び市街化区域農地以外の農地をいいます。

※5【一般農地の負担調整率】

負担水準	負担調整率
90%以上	1.025
80%以上　90%未満	1.05
70%以上　80%未満	1.075
70%未満	1.1

＊負担水準＝前年度の課税標準額÷その年度の評価額

※6　軽減率

年度	初年度目	2年度目	3年度目	4年度目
軽減率	0.2	0.4	0.6	0.8

※7　ただし、ロにあっては以下の範囲に限定

下限＝（当該年度の宅地並評価額×1/3）×2/10×税率

また、負担水準＝前年度の課税標準額（軽減率適用前）÷（その年度の評価額×1/3）が0.8以上の農地の固定資産税は前年度の税額となります（税負担据置）。

4-2 市街化区域内農地にかかる固定資産税は宅地の3分の1

　市街化区域内農地は原則として宅地並み課税がされますが、現に農地として利用していると宅地並み評価額の3分の1に税率がかけられます。特定市街化区域農地以外では農地調整固定資産税額として、さらに農地並みの課税で済みます。

1 三大都市圏特定市以外の市街化区域内農地の固定資産税は安い

　三大都市圏の特定市以外の地域については、市街化区域といえども税額は農地に準ずることになっています。本来、市街化区域農地は宅地並み課税なのですが、一般市街化区域農地については農地調整固定資産税額とされていますので、農地に準じた課税になります。もっとも実際の運用は各市町村にゆだねられていますので、地域によって若干の違いがあるようです。

2 市街化区域でも農地として利用していれば3分の1に

　三大都市圏の特定市であろうとなかろうと、市街化区域で所有している土地を現に農地として利用していれば、宅地としての評価額の3分の1を課税標準とすることとされています。一般市街化区域農地の場合、宅地としての評価額の3分の1に税率をかけて計算した金額よりも、農地調整固定資産税額の方が低いことになります。

3 特定市街化区域農地で農地に利用していれば3分の1に

　三大都市圏の特定市の市街化区域農地については、生産緑地以外は相続税が宅地並みにかかります。しかし、現に農地として利用していれば、固定資産税は宅地の3分の1になります。相続税の納税猶予制度の生産緑地への課税は、平成3年1月1日現在の特定市に限定され、それ以降に特定市になった場合には、20年免除制度のある従来どおりの納税猶予制度の適用を受けることができますが、固定資産税については特定市になった時点から、宅地並みに課税されることになります。

4 新たに特定市街化区域になった場合には軽減措置

　市町村合併で、従来町や村であったところが市になった場合には、生産緑地の指定を受けなければ、その翌年分から固定資産税が宅地並みにかかることになります。どの程度の金額になるかは右ページで具体的な例を示していますので参考にしてください。しかし、いきなり何十倍にもなると大変ですので、右ページの軽減率を適用して徐々に増えることとされています。現に農地として利用していれば評価額の3分の1とされ、これに軽減率を適用されることになります。

5 調整区域から市街化区域に編入されると

　都市計画区域の変更で調整区域から市街化区域に編入されると、三大都市圏の特定市では、生産緑地の指定をするかどうかの選択があります。生産緑地の指定を受けると、固定資産税は従来通りの農地課税で済みます。指定を受けないと宅地並み課税がスタートしますが、その場合には上記の適用がされることになります。

第4章◆生産緑地と固定資産税

6 特定生産緑地・田園住居地域内の農地も農地課税に

　2022年から特定生産緑地の指定を受けた農地についても、固定資産税・都市計画税の農地課税が行われることとされています。

■平成30年度税制改正（特定生産緑地などの固定資産税・都市計画税）

①	特定生産緑地の指定がされた農地に係る固定資産税・都市計画税は従来どおり市街化調整区域と同様の評価とされ低い税額のままとなります。
②	特定生産緑地の指定がされなかった農地及びその期限の延長をしなかった農地に係る固定資産税・都市計画税については、宅地並み課税とされ、この場合、激変緩和措置が適用されます。

特定市街化区域農地の税額の求め方

対象農地	税額の求め方
①平成5年の賦課期日（平成5年1月1日）に所在する特定市街化区域農地 （これを平成5年度適用市街化区域農地といいます。）	次のイ又はロのうちいずれか少ない額になります。 イ．評価額 × 1/3 × 税率 ロ．前年度の課税標準額 × 一般農地に適用される負担調整率 × 税率
②平成5年度適用市街化区域農地以外の特定市街化区域農地 （新たに課税の適正化措置の対象となるもの）	（新たに課税の適正化措置の対象となったものの場合） 次のイ又はロのうちいずれか少ない額になります。 イ．評価額 × 1/3 × 次の表に掲げる率 × 税率 表 | 年度	初年度目	2年度目	3年度目	4年度目
---	---	---	---	---
率	0.2	0.4	0.6	0.8	 ロ．$\left(\dfrac{\text{前年度の}}{\text{課税標準額}} + \dfrac{\text{当該年度}}{\text{の評価額}} × 1/3 × 5\%\right) × 税率$

②のロについては、以下の範囲に限定。

下限＝（当該年度の評価額 ×1/3）×2/10× 税率

75

4-3 生産緑地にかかる固定資産税

　三大都市圏の特定市の市街化区域でも、生産緑地については、農地としての固定資産税が課税され、宅地より税負担が低く抑えられています。

1 三大都市圏の市街化区域でも生産緑地は農地課税

　三大都市圏の市街化区域でも、都心の住民に近郊でとれる新鮮な野菜を供給する必要があるため、生産緑地の指定を受けている農地の固定資産税評価額は農地として評価され、農地課税が行われています。右ページの図1のように三大都市圏の特定市については、市街化調整区域農地、生産緑地が農地課税となり、三大都市圏の特定市以外の農地については、市街化区域も含めて農地課税又は農地に準じた課税が行われているわけです。

2 生産緑地の固定資産税の具体例

　右ページ図2のような生産緑地があったとします。平成30年の税額は5,600円で、平成30年の課税標準が400,000円、平成31年の評価額が420,000円とすると、まず負担水準を計算します。平成30年の課税標準400,000円を平成31年の評価額420,000円で割った割合が95%ですから、負担調整率は1.025ということになります。

　平成30年の固定資産税額は5,600円ですから、これに負担調整率1.025をかけると5,740円です。一方、平成31年の評価額に1.4%の税率をかけると5,880円になります。このいずれか少ない金額、5,740円が平成31年の固定資産税ということになります。

3 生産緑地を外れたときの固定資産税

　主たる営農者の死亡、故障などによって生産緑地が解除された場合には、翌年から宅地並み課税になります。その場合には、負担調整措置はどうなるのでしょうか？この場合、評価額は当然宅地としての評価額になり、前年に課税されている負担調整となる宅地としての評価額も、課税標準もありません。したがって、負担調整のもととなる金額がありませんので、いきなりその年の評価額に税率がかけられて固定資産税が課税されます。もちろん農地として利用すれば、3分の1になる特例は適用されます。

4 宅地としての評価額が1億円とすると

　先ほどの例で、平成31年度の宅地としての評価額が1億円だと、どのくらいの固定資産税になるのでしょう。宅地や雑種地として利用していれば、なんと140万円にもなります。また、農地として利用したとしても、466,600円になります。何らかの形で有効活用を考える必要があるでしょう。なお、別途、都市計画税（制限税率0.3%）もかかります。

第4章◆生産緑地と固定資産税

図1　農地の区分と固定資産税

三大都市圏の特定市の農地	市街化区域内の農地	特定市街化区域農地	宅地並み課税
		生産緑地	農地課税
	市街化調整区域内の農地		

三大都市圏の特定市以外の農地	市街化区域内の農地（一般市街化区域農地）	農地に準じた課税
	市街化調整区域内の農地	農地課税

図2　生産緑地の固定資産税の計算式

〔例〕生産緑地

課税地積	1,000 ㎡
平成30年度の固定資産税額	5,600円
平成30年度の課税標準	400,000円
平成31年度の評価額（農地）	420,000円
（　〃　（宅地）	1億円）

①**負担水準を求める**

$$\frac{400,000円（平成30年度の課税標準）}{420,000円（平成31年度の評価額）} \times 100\% = 95\%$$

②**一般農地の負担調整率**　95%≧90%　∴1.025

負担水準	負担調整率
90%以上	1.025
80%以上　90%未満	1.05
70%以上　80%未満	1.075
70%未満	1.1

③**平成31年度の固定資産税**　5,600円×1.025＝5,740円 ┐いずれか
　　　　　　　　　　　　　　　 420,000円×1.4%＝5,880円 ┘少ない方 ➡ **5,740円**

生産緑地を外れた場合

宅地として利用 ➡ 1億円×1.4%＝ **1,400,000円**

農地として利用 ➡ 1億円×1/3×1.4%＝ **466,600円**

第5章　農地等に係る納税猶予制度

5-1　農地等に係る贈与税納税猶予制度の変遷

　被相続人の遺産について、日本の民法は法定相続人による法定相続を基本としているところから、農地の細分化を防ぎ、かつ農業後継者育成を税制面で助成することをねらいとして、昭和39年に創設された制度です。

▉1▉ 制度の概要と変遷

①　昭和39年に創設された当初の制度の概要は、農業を営む個人が推定相続人の1人に対して農地等の一括贈与をした場合、その農地等に係る贈与税額の納付について原則として贈与者の死亡の日まで納期限を延長し、贈与者が死亡した場合にはその農地等を相続又は遺贈により取得したものとみなして、相続税を課税するというものでした。

②　昭和50年度の税制改正により創設された、農地等の相続税についての納税猶予制度との整合性を図るため、贈与税の納期限の延長制度も納税猶予の制度に切り替えられ、それに伴い贈与税額の相続時における精算から免除に変わるとともに、利子税の納付制度が追加されました。

③　平成3年度の税制改正で、三大都市圏の特定市の市街化区域内農地等については、原則としてこの特例の適用対象となる農地等から除外するなどの大改正が行われました。

④(イ)　平成7年度の改正で、三大都市圏の特定市以外の地域でも、特例農地等の全部を担保に提供した場合でも継続届出書の提出が義務づけられ、

　(ロ)　平成12年度の改正で、受贈者が一定の要件の下で使用貸借権の設定に基づき貸しつけた場合（旧措法70の4⑦現⑧）、また平成13年度の改正で特例農地等を一時的道路用地等として貸し付けた場合（旧措法70の4⑮現⑱）なども猶予取消しの確定事由に該当せず、納税猶予が継続されることになりました。

▉2▉ 平成3年度の大改正!

　平成3年度の税制改正で相続税の納税猶予制度の大幅な改正が行われたことに伴い、贈与税の納税猶予制度も同様の改正が行われました。

①　平成3年1月1日において、三大都市圏の特定市の市街化区域内農地等（特定市街化区域農地）であるものについては、原則として、贈与税の納税猶予制度は受けられなくなりました。

　　ただし、都市計画法に基づく生産緑地地区の指定を受けた農地（都市営農農地等）については、一定の条件の下に認められることになっています。

②　特例農地等のうちに都市営農農地等がある受贈者については、特例農地等の全部を担保として提供した場合でも、納税猶予の継続届出書を3年ごとに提出する必要があります。

③　特例農地等について、生産緑地法に基づく「買取りの申出」があった場合や、都市計画の変更等で都市営農農地等に該当しなくなった場合には、納税猶予の期限が確定することになりました。

④　これらの改正は、平成4年1月1日以後の農地等の贈与から適用されています。

第5章 農地等に係る納税猶予制度

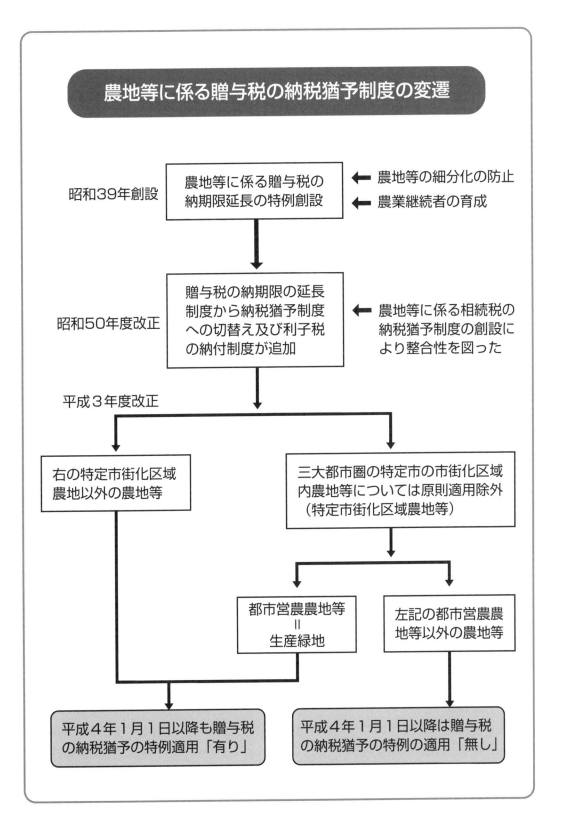

5-2 平成21・26年における贈与税の納税猶予制度改正

　平成21年の農地法改正をはじめとする農地制度の大幅改正に伴って、農地の贈与税の納税猶予制度については、次のような点について改正されました。平成26年の改正では、農業委員会の勧告の通知により猶予期限が確定することとされました。

1 贈与税の納税猶予適用中に営農困難な状態になった場合の一定の貸付けに猶予継続

　農地等の贈与税の納税猶予の適用中に、受贈者が傷害、疾病その他の事由で農地等の営農継続が困難になった場合において、その農地等を賃借権の設定等に基づく貸付けを行った場合においても、営農困難時貸付けを行った日から2ヶ月以内に届出書を提出した場合には、納税猶予の継続を認めることとされました。従来、規定上は納税猶予の期限が確定し、納税猶予が打ち切られ、猶予税額と経過期間に対応する利子税の納付をしなければならないのが原則でした。

(1) 営農継続が困難な状態

　適用対象となる営農継続が困難な状態とは次のようなことをいいます。ただし、当初の贈与税の納税猶予適用時点ではこの取扱いはなく、あくまでも、一旦、贈与税の納税猶予を受けた後に受贈者が次の状態になった場合に適用がありますので留意してください。

　① 精神障害保健福祉手帳の1級の交付を受けた状態
　② 身体障害者手帳の1級又は2級の交付を受けた状態
　③ 介護保険の要介護認定における要介護5を認定された状態

(2) 対象となる貸付け

　地上権、永小作権、使用貸借による権利又は賃借権の設定に基づく貸付け（このことを営農困難時貸付けといいます。）は原則として次の賃借権等の設定による貸付けをいいますが、これらに規定する事業や計画のない地域や区域以外の農地等については、次の①から③以外の賃借権等の設定に基づく貸付についても行うことができることとされています。

　① 農地中間管理事業の推進に関する法律第2条第3項に規定する農地中間管理事業のために行われるもの
　② 農業経営基盤強化促進法第4条第3項に規定する農地利用集積円滑化事業で一定の事業のために行われるもの
　③ 農業経営基盤強化促進法第20条に規定する農用地利用集積計画の定めるところにより行われるもの

2 生産緑地等の買取り申出における農地の買換え時の納税猶予継続

　納税猶予を受けている生産緑地等について買取り申出を行った場合には、申出を行った時点で納税猶予の期限が確定します。しかし、買取申出から1年以内にその生産緑地等を譲渡等する見込みであり、かつ、その譲渡等があった日から1年以内に農地等を取得する見込みであるときは、一定の手続をとることによって納税猶予の継続適用を認めることとされました。

3 納税猶予の利子税率の変更

納税猶予適用農地を譲渡等した場合に納付する次の猶予税額に係る利子税の税率が、平成26年1月1日以後の期間については**5-14 2**によって計算した利率になります。平成30年分は0.7％となります。

① 生産緑地を有する農業相続人の納税猶予税額
② 上記①以外の農業相続人の猶予税額のうち市街化区域外の農地に対応する部分

農地の納税猶予適用中に農地を貸し付けた場合の取扱い

改正前	改正後
農業経営基盤強化促進法第20条に規定する農用地利用集積計画の定めるところによる賃借権等の設定	①農地中間管理事業の推進に関する法律第2条第3項に規定する農地中間管理事業のために行われる賃借権等の設定 ②農業経営基盤強化促進法第4条第3項に規定する農地利用集積円滑化事業で一定の事業のために行われる賃借権等の設定 ③農業経営基盤強化促進法第20条に規定する農用地利用集積計画の定めるところによる賃借権等の設定
納税猶予継続	＋ これらに規定する事業や計画のない地域や区域以外の農地等については、①から③以外の賃借権等の設定に基づく貸付け 納税猶予継続

5-3 農地等の生前一括贈与制度の概要

　この特例の適用を受け納税を猶予してもらっている贈与税額は、贈与者又は受贈者のいずれかが死亡した時に免除されます。ただし、贈与者の死亡により免除を受けた場合には、その農地等は贈与者の死亡の日の価額で、贈与者である被相続人から相続又は遺贈により取得したものとみなして相続税が課税されます。

1 贈与者及び受贈者の要件
　贈与者は、贈与の日まで引き続き３年以上農業を営んでいた者でなければなりません。また、受贈者は、贈与者の推定相続人の１人で年齢が18歳以上、かつ引き続き３年以上農業に従事していた者で、そのことについて農業委員会が証明（適格者証明書を発行）した者でなければなりません。

2 対象農地等の範囲
　この特例は、贈与者が農業の用に供している農地等で、
　①　特定市街化区域農地等（※）に該当しないものの全部
　②　特定市街化区域農地等に該当しない採草牧草地及び準農地の面積の３分の２以上
に限り適用されます。
※特定市街化区域農地等とは、三大都市圏の特定市の市街化区域内農地等のうち、生産緑地地区指定を受けている農地等以外の農地等をいいます。

3 猶予税額の計算及び申告手続
《猶予税額の計算》
①　その年分の全贈与財産に係る贈与税額＝通常の贈与税額
②　農地等の贈与がなかったものとして計算した贈与税額＝納付すべき贈与税額
③　①－②＝納税猶予税額
《申告手続》
(イ)　②について期限内申告・納付が必要
(ロ)　贈与者及び受贈者についての農業委員会発行の適格者証明書の添付
(ハ)　担保の提供……この特例を受けるためには、原則として特例農地等の全部を担保に提供するか、又は猶予贈与税額＋利子税に相当する担保の提供が必要
(ニ)　継続届出書の提出義務……受贈者は納税猶予期限が確定するまでの間は、贈与税の申告期限の翌日から起算して３年ごとに、引き続いて納税猶予の適用を受けたい旨の継続届出書の提出が必要

4 納税猶予期限の確定
　納税猶予期限は原則として、贈与者の死亡の日とされており、贈与者又は受贈者が死亡した時には、猶予税額は免除されます。しかし、この制度は農業の後継者が特例農地等において営農を継続することを前提としており、この要件に逆背するような状況に至った場合は、猶予期限前であっても期限を確定させ、猶予税額に利子税を加算して納付することもあります。猶予期限の確定については、100ページを参照ください。

第5章◆農地等に係る納税猶予制度

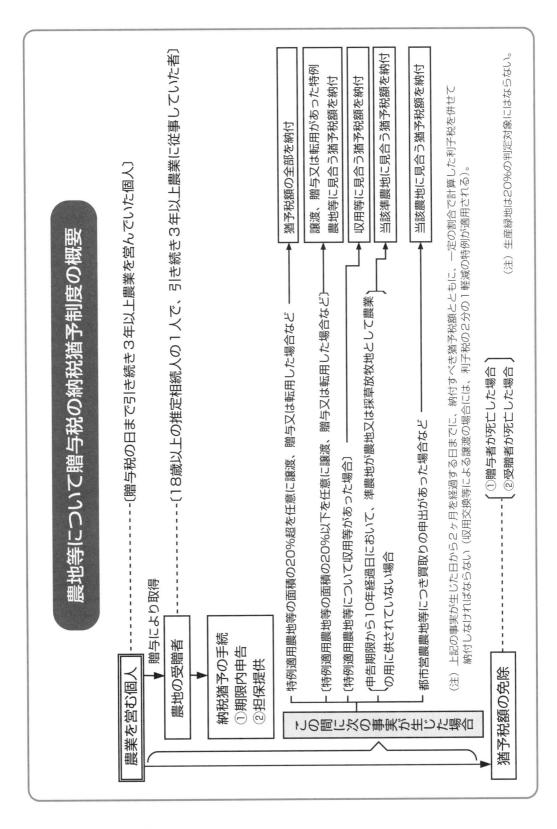

5-4 農地等に係る相続税の納税猶予制度の沿革

　この制度は農地の保全及び農業育成のためには必要不可欠の制度ですが、三大都市圏の特定市の市街化区域内の農地等とその他の区域の農地等では、適用条件が大きく異なることに特に注意が必要です。

1 制度の沿革

　農業基本法の目的とする農業経営の近代化に資するため、民法に基づく法定相続による農地の細分化防止及び農業後継者育成を目的として、昭和39年に農地等に係る贈与税の納税猶予制度が創設されました。この制度は農業を営む個人（贈与者）が推定相続人の1人（受贈者）に対し、農地等を生前に一括贈与した場合に、その農地等に係る贈与税について基本的には贈与者の死亡の日まで納期限を延長し、贈与者の死亡の場合に、その農地等を相続等により取得したとみなして相続税を課税するというものでした。これでは法定相続による農地の細分化は防げても、都市部等においては贈与者の死亡時における莫大な相続税の納税のために農地を売却せざるをえない状況が生じます。

　そこで、農地等の生前一括贈与制度における贈与者又は農業を営む被相続人から農地等を相続（遺贈を含む）により取得した農業相続人が、一定期間、営農を継続することを条件に、その農地等に係る相続税について納税を猶予する制度が、昭和50年度の税制改正で創設されました。これに伴い農地等に係る贈与税の延長制度も、利子税の納付制度を加えた上で猶予制度に切り替え、両制度の整合性が図られることになりました。

2 制度の概要

　この制度は、農業を営んでいた被相続人（遺贈者を含む）の相続人のうち、農業相続人（農業後継者）が相続又は遺贈（死因贈与を含む）により、農地、採草放牧地及び準農地を取得して農業を営む場合には、特例適用農地等の価額のうち、農業投資価格を超える部分に対応する相続税について、一定の要件の下に原則として、納税猶予の期限が確定するまで納税を猶予するものです。

3 平成3年度の大改正

　平成2年当時はバブル経済の発生による地価暴騰がピークを迎えた頃で、地価抑制が至上命題となりました。特に大都市圏においては、その傾向が顕著であり、農地の宅地化による宅地供給増を期待されたことなどもあって、平成3年度税制改正で、農地等に係る相続税の納税猶予制度にも大改正が加えられました。

⑴　平成4年1月1日以降開始の相続から、特定市街化区域内農地等（平成3年1月1日において三大都市圏の特定市の市街化区域内にある農地等）はこの特例の適用が受けられなくなりました。ただし、特定市街化区域内農地等のうち都市営農農地（生産緑地）については、一定の条件の下で特例適用が認められます。

⑵　特例農地等のうちに都市営農農地等がある場合は、農業相続人は終身営農とともに、3年ごとに「継続届出書」を終身提出することが義務づけられました。

(3) 特例農地等である生産緑地について、買取りの申出があった場合などは、納税猶予の期限が確定することになります。
(4) その他

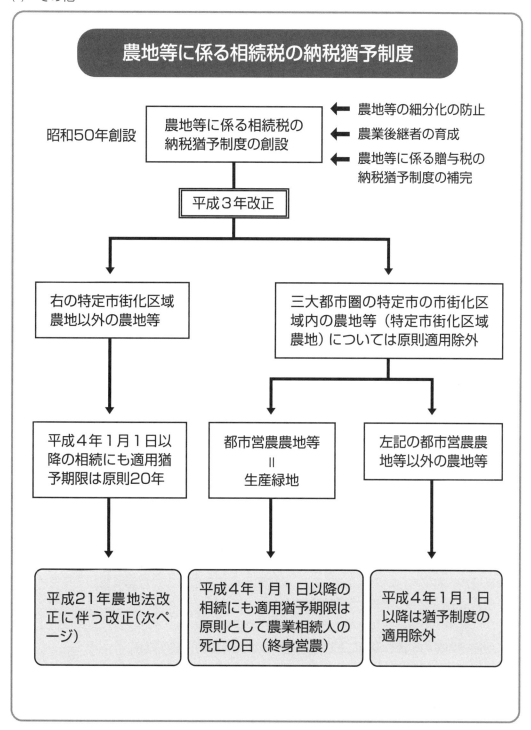

5-5 平成21・26・30年における相続税の納税猶予制度改正

　平成21年の農地法改正をはじめとする農地制度の大幅改正及び平成26年・平成30年改正に伴って、相続税の納税猶予制度については次のような点について改正されています。

❶ 市街化区域外の農地に対する改正

　市街化区域以外の農地、すなわち市街化調整区域、都市計画区域ではあるが、未線引きである区域及び都市計画区域以外の区域の農地について、次のような改正が行われています。右ページの図をご参照ください。

(1)　一定の貸付農地についても相続税の納税猶予の適用対象に

　平成21年12月14日までは相続発生時点で貸し付けられている農地については納税猶予の適用を受けることができませんでしたが、平成21年12月15日以後は **5-2❶**(2)①から③に基づく地上権、永小作権、使用貸借による権利又は賃借権の設定を行っている農地についても納税猶予の適用が認められています。

(2)　20年営農継続による免除の廃止

　平成21年12月14日までの相続開始による相続税の納税猶予は、都市営農農地（生産緑地などをいいます。）以外の農地について納税猶予を受けていますと、相続税の申告期限から20年営農を継続すると、20年経過後に一定の手続をすれば納税猶予を受けている相続税額の全額について免除されます。平成21年12月15日以後は全国の市街化区域のうち三大都市圏の特定市の市街化区域を除く区域の農地での相続税の納税猶予適用者のみが20年に営農継続による免除を受けることができます。市街化調整区域や未線引き区域及び都市計画区域以外の農地については納税猶予適用者が死亡するまで相続税の納税猶予税額は免除されません。

(3)　総面積の20%を超える譲渡等の場合の除外対象に追加

　農用地区域内の特例適用農地を農業経営基盤強化促進法の規定に基づき譲渡した場合については、総面積の20%を超える場合でも納税猶予の全額の取消事由としないこととされました。

　この場合には、譲渡した割合に応じた猶予税額及び利子税を納付しなければなりません。

❷ すべての相続税の納税猶予に適用

(1)　営農困難な状態になった場合の一定の貸付けに猶予継続

　5-2❶の農地等の納税猶予の適用中に、受贈者が傷害、疾病その他の事由で農地等の営農継続が困難になった場合において、その農地等を賃借権の設定等に基づく貸付けを行った場合においても、営農困難時貸付けを行った日から2ヶ月以内に届出書を提出した場合に、納税猶予の継続を認めることと全く同じ内容です。

(2)　生産緑地等の買取り申出における農地の買換え時の納税猶予継続

　5-2❷の生産緑地等について買取り申出から1年以内にその生産緑地等を譲渡等する見込みであり、かつ、その譲渡等があった日から1年以内に農地等を取得する見込みであるときは、一定の手続をとることによって納税猶予の継続適用を認めることとされること

と全く同じ内容です。
(3) 納税猶予の利子税率の変更
　5-2 3と同様に納税猶予適用農地を譲渡等した場合に納付する猶予税額に係る利子税の税率が年6.6％から年3.6％に引き下げられています。その上で貸出約定平均金利＋1％の特例基準割合をもとに計算した特例利率が適用され、平成30年分は0.7％となります。

3 平成30年度税制改正
　平成30年度税制改正については、12〜14ページを参照してください。

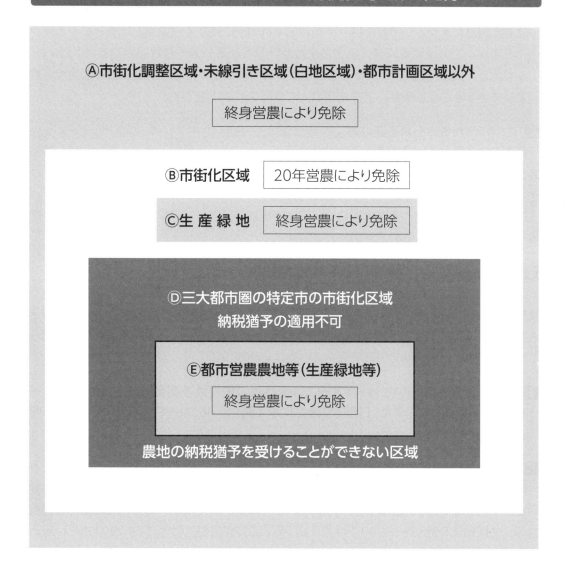

都市計画区域と農地の納税猶予額の免除

Ⓐ市街化調整区域・未線引き区域（白地区域）・都市計画区域以外
　終身営農により免除

Ⓑ市街化区域　20年営農により免除

Ⓒ生産緑地　終身営農により免除

Ⓓ三大都市圏の特定市の市街化区域
　納税猶予の適用不可

Ⓔ都市営農農地等（生産緑地等）
　終身営農により免除

農地の納税猶予を受けることができない区域

5-6 農地等に係る相続税の納税猶予制度の概要

　この特例は特例適用農地等に係る莫大な相続税額のうち、大半が納税を猶予されるというメリットがありますが、市街化区域以外の農地及び都市営農農地等については、農業相続人の終身営農が義務づけられていることに注意が必要です。

1 被相続人及び農業相続人の範囲

⑴　被相続人は、基本的には死亡の日まで農業を営んでいた個人ですが、贈与税の納税猶予の特例の適用に係る農地等の生前一括贈与者も含まれます。なお、老齢又は病弱のため生前において生計を一にする同居の親族に農業経営を移譲している場合や、農業者年金の支給を受けるため、生前に農業経営をその親族に移譲している場合でも、死亡の日まで農業を営んでいたものとされています。

⑵　この特例を受けられる農業相続人は、被相続人の相続人で相続税の申告期限までに農業経営を開始し、その後も引き続き農業経営を継続する者として、農業委員会が証明した者に限られます。この証明は「相続税の納税猶予に関する適格者証明書」によって行われます。この証明書には「特例適用農地等の明細書」の添付が必要です（115ページ参照）。なお①農業以外に職業を有する者や、②未成年者（生計を一にする親族が農業経営をすることが条件）も農業相続人になることは可能です。

2 この特例が受けられる農地等

　基本的には農地法に規定する農地又は採草放牧地に該当するかどうか、また、その農地等が被相続人の営んでいた農業の用に供されていたかどうかで判定することになりますが、その範囲等については121ページを参照ください。

　なお、この特例を受ける農地等については、相続税の申告期限までに遺産分割により取得することが必要になるので注意が必要です。

3 農業相続人の納税猶予額及び期限内納付額

　この特例を受ける場合に納税が猶予される相続税額は、特例適用農地等の評価額のうち、農業投資価格(111ページ参照)を超える部分に対応する相続税額です。したがって農業相続人が期限内に納付すべき税額は、特例適用農地等の評価額のうち、農業投資価格部分に対応する相続税額と、その他の財産の価格に対応する相続税額の合計額ということになります。

4 「申告手続」については、基本的には贈与税の納税猶予制度と同じであり82ページを参照ください。また「期限の確定による納付」については100ページを参照ください。

5 納税猶予額の免除の時期

　納税猶予額の免除の時期は市街化区域以外の農地等及び特定市の市街化区域内にある都市営農農地等については農業相続人の死亡の日であり、特定市以外の市街化区域の特例農地等（生産緑地を除く）については原則20年又は農業相続人の死亡のいずれか早い日ということになります。

第5章◆農地等に係る納税猶予制度

納税猶予期限

```
特例適用
農地等
├─ 三大都市圏
│  の特定市
│   ├─ 都市営農農地等（注1）
│   └─ 市街化調整区域内農地等 ──→ 農業相続人の死亡の日
│
└─ 上記以外
   の地域
    ├─ 市街化区域以外の区域
    ├─ 生産緑地
    └─ 市街化区域（生産緑地を除く） ──→ 次のいずれか早い日
         ①農業相続人の死亡の日
         ②相続税の申告期限の翌日
          から20年を経過する日
         （注2）
```

（注1）三大都市圏の特定市の市街化区域内の農地で生産緑地地区指定を
　　　　受けた農地等

（注2）特例適用農地等に都市営農農地等がある場合は、適用農地全体が
　　　　20年から終身営農に変わるので特に注意が必要です！

5-7 贈与税及び相続税の納税猶予の関係

　贈与税の猶予制度だけでも、次の世代までの農地等の分散防止などの目的は果たせますが、相続税の猶予制度と連動することによって、さらに次の世代、また、次の世代への農地等の承継が図れる可能性があります。

1 両制度の関係

　これらの制度は、農地等の分散防止及び農業後継者育成などを目的として、農業後継者又は農業相続人の営農継続を条件に贈与税及び相続税を猶予するものです。

　相続税の納税猶予制度は、贈与税の納税猶予を受けたものに限って適用されるわけではありませんが、農地等の承継過程における課税関係は、両制度を連続して適用を受けると、贈与税から相続税、さらに次の世代の贈与税へと、相互に接続した関係にあります。

2 贈与者（贈与税の猶予制度）と被相続人（相続税の猶予制度）の関係

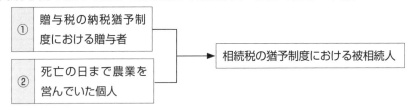

という関係ですが、①の贈与者は、贈与税の猶予を受けている受贈者が生前一括贈与を受けた農地等について、相続税の納税猶予の適用を受ける場合にのみ、相続税の猶予制度における被相続人に連動します。

3 受贈者→農業相続人→贈与者の関係

　農地等の生前一括贈与を受け贈与税の納税猶予を受けている「受贈者」は、親である贈与者が死亡すると、推定相続人から相続人となります。この時点で猶予されていた贈与税は免除されますが、贈与者から生前一括贈与を受けていた農地等を相続又は遺贈により取得したとみなされて、新たに相続税の課税関係が生じることになります。この農地等の全部又は一部について相続税の納税猶予の適用を受けた場合、「農業相続人」となります。農業相続人は農地等の所有者となり農業を営む個人となりますので、その所有する農地等を自分の推定相続人に生前一括贈与すると、贈与税の猶予制度における「贈与者」となり、農地等と取得した推定相続人は「受贈者」となります。

4 「猶予」→「免除」→「猶予」……エンドレスの関係

　親である贈与者(A)から推定相続人(B)が農地等の生前一括贈与を受けて、贈与税の納税猶予の適用を受けると、(A)の死亡の時に、その農地等に係る贈与税は「猶予」が「免除」になりますが、(B)は農地等を(A)から相続又は遺贈により取得したとみなされますから、その農地等に(A)の相続税が課税されることになります。ここで(B)が農業相続人となり、その農地等に係る相続税の納税猶予を受けると、相続税の「納税猶予」が始まり、(B)が死亡するか又は一定期間経過すると、猶予相続税が「免除」となります。贈与税及び相続税の猶予

制度は、代々営農を継続することを前提としているので、営農継続ができなくなったときには、贈与税又は相続税のいずれかが課税されることになります。

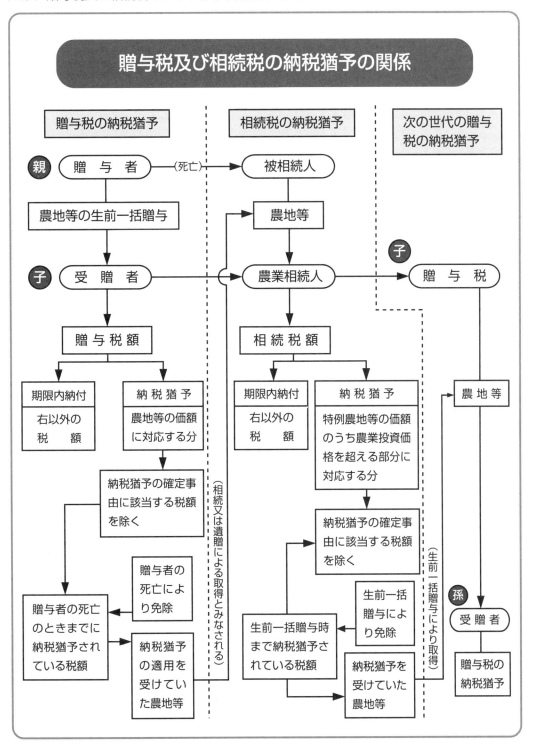

5-8 生産緑地制度と相続税の納税猶予制度

　いうまでもなく両制度は右ページのとおり、全く別の制度であるにもかかわらず、特定市街化区域農地等や生産緑地を所有する都市農家などの現場においては、両制度を混同する傾向が多く見られ、平成3年の大改正以来20年以上を経過しても、なお、両制度への理解はあまり進んでいないように思われます。

⬛1 生産緑地法と相続税法

　生産緑地制度は、農地所有者等の同意を得て、都市計画法に基づく都市計画の決定により、生産緑地地区として指定するものです。昭和49年に最初の生産緑地法が制定され、平成3年度に改正され現在に至っています。一方、農地等に係る相続税の納税猶予制度は昭和50年に創設された制度で、租税特別措置法第70条の6に規定されており、これも平成3年度と平成30年度の税制改正で大改正が行われ、現在に至っています。

⬛2 所轄行政及び減免税目

　生産緑地は上記のとおり都市計画法に基づく地区指定であり、都市計画の所轄である旧建設省（国土交通省）が法律を作り、実際の生産緑地の管理・指導や買取り申出への対応などは、各都道府県を通して各自治体（市及び区）が行っています。

　一方、納税猶予制度は国税である相続税に係るものであり、当然ながら所轄行政は財務省ということになります。また、両制度とも生産緑地において、その所有者が一定期間農業経営を継続することを条件に、それぞれ税金の減免を行っており、生産緑地制度は保有税である固定資産税及び都市計画税を軽減し、納税猶予制度は特例対象となる生産緑地に係る相続税の納税を猶予し、猶予期限が到来した時点で免除することとしています。

⬛3 買取りの申出ができる期間と納税猶予期限

　両制度の理解がなかなか浸透しない最大の原因は、この買取りの申出ができる期間と、猶予期限の混同にあると思われます。

㋑　生産緑地の買取りの申出ができる期間

・平成3年12月31日まで……原則5年（第2種生産緑地）又は10年（第1種生産緑地）
・平成4年1月1日以降………原則30年
・平成34年（2022年）1月1日以降（特定生産緑地）……原則10年

㋺　相続税の納税猶予制度における納税猶予期限

・平成3年12月31日まで……原則20年
・平成4年1月1日以降………農業相続人の死亡の日

⬛4 営農継続届出書の提出義務の有無

　生産緑地制度には提出義務はありませんが、相続税の猶予制度の適用を受けた場合、猶予期限（農業相続人の死亡の日）まで、3年ごとに提出し続ける義務があります。

第5章◆農地等に係る納税猶予制度

5 遡り課税の違い

　営農を廃止したり、生産緑地買取りの申出を行ったりした場合、生産緑地制度は翌年から固定資産税等が宅地並み課税となりますが、猶予制度の場合、猶予期限が確定し、当初の相続税の申告期限まで遡って、猶予税額に利子税を加えた金額を納付しなければならないことになっています（104ページ参照）。

	三大都市圏の特定市における 生産緑地制度と相続税納税猶予制度の違い	
	生 産 緑 地 制 度	**相続税納税猶予制度**
①法律	生産緑地法	相続税法
②所管行政	国土交通省→都／府／県 ↓ 区／市	財務省
③減免税目	・固定資産税の軽減 ・都市計画税の軽減	相続税の猶予→免除
④営農義務	30年(特定生産緑地は10年) 又は 主たる従事者の死亡等まで	農業相続人の死亡の日まで
⑤営農継続届出書 （営農収支明細書） の提出義務	無し	有り （3年毎終身提出）
⑥遡り課税	無し （翌年から課税）	有り （相続発生時まで遡る）

5-9 平成3年1月1日において特定市に該当しない 地域における相続税の納税猶予制度

相続税の納税猶予制度は、三大都市圏の特定市以外の地域の市町村等においても、平成21年12月15日以後の相続開始から市街化調整区域で納税猶予を受けた場合、20年で免除されるのではなく、終身営農が必要です。

1 平成3年1月1日は重要な基準日

平成3年度の第120回通常国会で相続税法と生産緑地法の改正が行われたこともあり、平成3年1月1日現在において、三大都市圏の特定市（39ページ参照）に該当するか否かで、相続税の納税猶予制度の取扱いが大きく異なることになりました。

ただし、平成3年1月1日においては、特定市に該当しなくても、その後市町村合併等で特定市に該当する場合もありますが、該当することとなった時点における市街化区域内の農地等について、生産緑地を選択した場合でも、猶予制度の適用要件は特定市ではないものとして従前と同じ扱いになります。

2 特定市とそれ以外の地域の適用要件が違う理由

昭和50年に創設された農地等に係る相続税の納税猶予制度は、農地の細分化の防止や、農業後継者の育成を目的としており、平成3年に相続税法が改正されるまで、特定市とそれ以外の地域について、猶予制度の適用要件は基本的に同じでした。ところが、平成初頭のいわゆるバブル経済発生により、地価が暴騰し、大都市部における地価抑制のためには宅地の供給が国策となり、都市部における農地等の宅地化促進のため、特定市の市街化区域内の農地等について、「保全すべき農地」か「宅地化すべき農地」の選択を農地所有者にせまる生産緑地法の改正が行われました。これに合わせる形で、猶予制度も特定市の市街化区域内の農地とそれ以外の区域の農地等とで、適用要件が異なることになりました。

3 特定市以外の地域における適用要件

この制度は、農業後継者である農業相続人が特例対象農地等において、一定期間、営農を継続することを前提としており、その間は本来納付すべき相続税の納税を猶予し、猶予期間が終了した時点で免除されることになります。この猶予期間は、平成3年1月1日における特定市以外の市街化区域の場合は、生産緑地を除いて原則20年又は農業相続人の死亡の日のいずれか早い日となります。なお、特定市においても市街化調整区域内の農地等については、終身営農となっています。

4 平成3年1月2日以降、特定市になった地域

平成3年1月2日以後特定市になった時点で、市街化区域内の農地等について、「生産緑地地区の指定」の選択をせまられます。「生産緑地地区の指定」を受ければ、納税猶予の対象農地等になりますが、平成30年9月1日以後の相続等から猶予期間は終身営農となります。

5 平成3年1月1日における特定市とそれ以外の町村等が合併した場合

平成3年1月1日における特定市とそれ以外の町村等が合併した場合、同じ行政区域内

第5章◆農地等に係る納税猶予制度

の市街化区域において、合併前の旧行政区域ごとに、猶予期限が原則20年の農地等と終身営農の農地等が混在することになります。

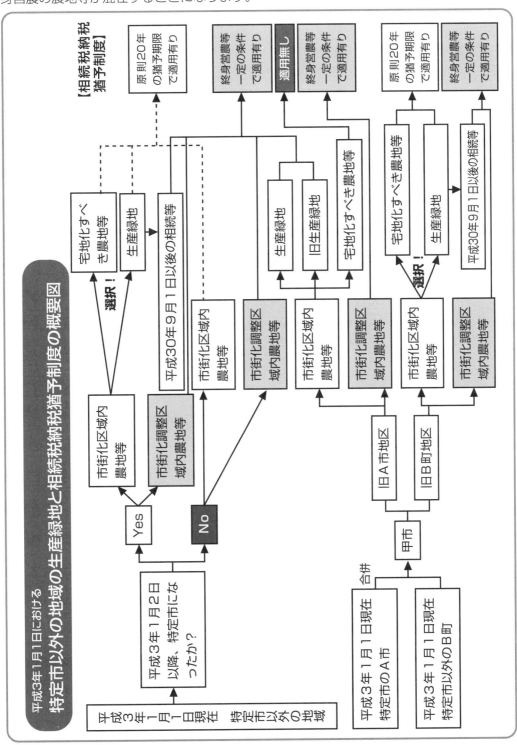

5-10 平成3年1月1日現在の特定市における 生産緑地と納税猶予制度

平成3年1月1日において三大都市圏の特定市の市街化区域内の農地等に該当するかしないかで、生産緑地制度と相続税の納税猶予制度の取扱いは大きく異なります。

1 平成3年1月1日における特定市

平成3年1月1日における特定市の市街化区域内の農地等について、新たに生産緑地地区指定が平成4年に行われ、買取りの申出ができる期間が30年間と大幅に延長される生産緑地法の改正がなされました。これに合わせ相続税の納税猶予制度も改正が行われ、平成3年1月1日現在における特定市の市街化区域とそれ以外の区域では、猶予制度の取扱いが大きく異なることになりました。

2 平成3年1月1日における特定市の市街化区域内の農地等

平成3年1月1日における特定市の市街化区域内の農地等の所有者は「保全すべき農地」か「宅地化すべき農地」の二者選択をせまられ、その結果、特定市の市街化区域内の農地等は、「宅地化すべき農地等」、「生産緑地①」、「旧生産緑地②」に区分けされました。これに合わせ相続税法も平成3年に改正され、特定市の市街化区域内の農地等は平成4年1月1日以降の相続から、相続税の猶予制度の対象農地等から除外されました。ただし「生産緑地①」及び「旧生産緑地②」については都市営農農地等として、それまで原則20年だった猶予期間を農業相続人の死亡の日（終身営農）とするなど条件を厳しくした上で猶予制度の対象農地等に加えることになりました。

3 追加申請に基づく生産緑地地区指定

平成4年に「宅地化すべき農地等」を選択した農地等について、行政間でばらつきはありますが生産緑地地区の追加申請を受けつける動きがあり、追加指定されているのが右ページの「生産緑地③」です。この「生産緑地③」のうち、平成3年1月1日現在で農地等に該当していれば、終身営農等を条件に猶予制度の適用が受けられますが、該当しなければ特例対象農地等から除外されます。つまり特定市の市街化区域内の農地等で、都市計画上の「生産緑地地区指定」を受けている農地等でありながら、納税猶予制度が受けられる農地等と受けられない農地等が存在します。

4 特定市の市街化区域内の農地等

特定市の市街化調整区域が、都市計画の変更等で市街化区域に編入された場合、農地等の所有者は生産緑地の地区指定を受けるかどうかの選択をすることになり、地区指定の申請をすると、右ページのとおり「生産緑地④」として指定されます。この「生産緑地④」のうち、市街化区域に編入される前で、改正農地法等施行日前に相続税の猶予制度の適用を受けている場合は、従来どおり納税猶予期間は原則20年のまま継続されることになりますが、それ以外は猶予制度の適用を受けると、終身営農となります。

第5章 ◆ 農地等に係る納税猶予制度

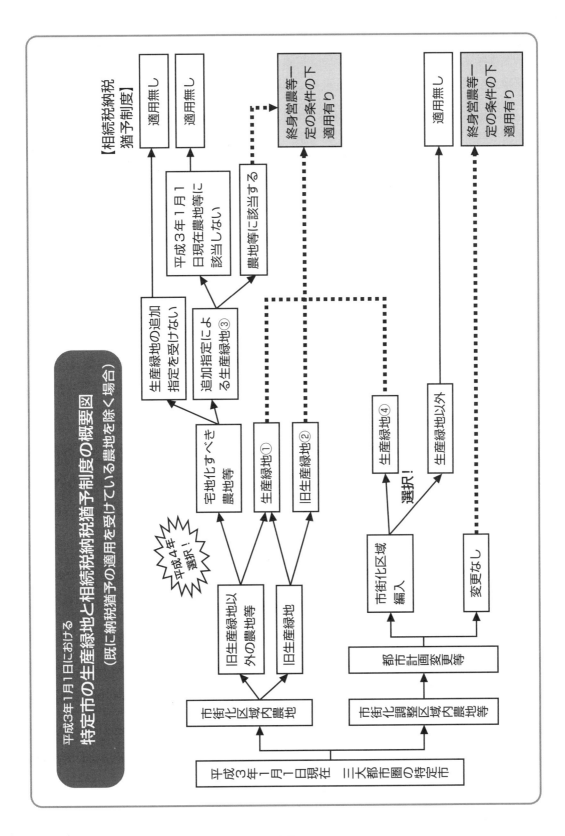

5-11 特定市の市街化区域内における営農義務は終身営農!

三大都市圏の特定市における相続税納税猶予を受けるための要件のうち、農業相続人の終身営農義務と継続届出書の終身提出義務は、都市農家にとって今後、年を追うごとに極めて厳しい問題になる可能性があります。

1 納税猶予期限は農業相続人の死亡の日 = 「終身営農」

平成3年12月31日までに発生した相続に係る納税猶予期限は全国一律、原則20年又は農業相続人の死亡の日のいずれか早い日と定められていましたが、平成4年1月1日以後は、特定市の市街化区域内の特例対象農地について、改正農地法等施行日以後は全国の市街化区域以外の農地について「農業相続人の死亡の日」に一本化されました。農業相続人は死亡の日まで営農を継続しなければならないことを、一般的に「終身営農」と呼称します。

2 都市農業の最大の悩みは「農業後継者」の問題!

著者が東京都内のある農業協同組合(JA)の職員を対象に、次のアンケート調査を行ってみました。

質問「組合員(都市農家)の悩みはどういうことだと思いますか?3つあげてください」	回答	1位 農業後継者(嫁取りも含めて)の問題	18%
		2位 相続問題	15%
		3位 肥培管理(終身営農)	14%
		その他 20項目の合計………	53%
			100%

他にもいくつかの質問をして、大変興味深いデータが得られましたが、日々都市農家と接触しているJA職員の回答だけに、都市農家の最大の悩みは農業後継者の問題だと思われます。

3 終身営農義務は厳しい

上記2でも見るとおり、農業後継者育成が最大の悩みである農家において、納税猶予適用農地所有者が死亡し、子供がその農地を相続し、相続税納税猶予の適用を受けると農業相続人となりますが、この農業相続人が高齢になったり、病気や事故などで営農継続が困難になった場合、どうするのか? さらに次の世代(三代目)の農業後継者がいない場合に、この制度の適用を受けると農業相続人は自分が死ぬまで営農を継続しない限り、遡り課税(104ページ参照)を受けることになり、極めて重大な問題に直面することが予想されます。猶予制度を受けた、あるいはこれから受けようとする農家は、この終身営農の厳しい内容を充分理解することが重要になります。

4 農業ヘルパー制度

JAの「農業ヘルパー」制度や自治体での「援農市民養成講座」の活用や、改正農地法等による農地貸付制度を利用する等の取組みによって、納税猶予を継続する事を検討する必要があるでしょう。

第5章 ◆ 農地等に係る納税猶予制度

平成3年1月1日における特定市の市街化区域の納税猶予期限

【平成3年1月1日以前より市街化区域に該当する場合】

(1) 平成3年12月31日までの相続 → 原則20年間又は農業相続人の死亡の日のいずれか早い日

(2) 平成4年1月1日以降の相続（生産緑地に限定）→ 農業相続人の死亡の日 ＝ 終身営農義務!!

平成21年12月15日以後の相続開始の納税猶予適用期限

- ・市街化区域外の区域の農地
- ・特定市の生産緑地等
- ・平成30年9月1日以後の特定市以外の生産緑地

→ 農業相続人の死亡の日 ＝ 終身営農義務

平成3年1月1日における特定市以外の全国の市街化区域の農地（生産緑地を除く）→ 原則20年間又は農業相続人の死亡の日のいずれか早い日

農業ヘルパー事業

市民の都市農業に対する理解と、高齢あるいは病気、けが、その他の理由で営農が困難となった人々が安定した労働力を確保し、都市農地を保全することを目的とする。

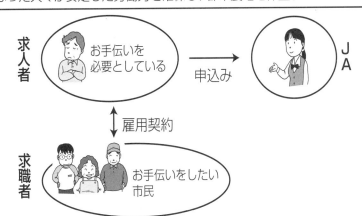

5-12 相続税(贈与税)の納税猶予期限の確定事由等①

【猶予税額の全部を納付しなければならないケース】

　贈与税及び相続税の納税猶予制度は、農地等の受贈者や農業相続人が猶予期限まで農業経営を継続することを前提に設けられているので、農業相続人等が猶予期限前に農業経営を廃止したり、特例適用農地等を譲渡や転用などした場合は、猶予期限が確定し、納税猶予を受けていた贈与税や相続税の全部又は一部を納付することになります。

1 納税猶予期限とは?

　それぞれの猶予期限は次のとおりです。

(1)　贈与税……原則として贈与者の死亡の日又は受贈者の死亡の日

(2)　相続税……次のいずれか早い日

　①　相続税の申告期限の翌日から20年を経過する日

　②　農業相続人の死亡の日

　③　農業相続人が農地等の生前一括贈与をした場合は、贈与の日

　ただし、特例農地等に都市営農農地等及び市街化区域以外の区域の農地等が含まれている場合は、②の農業相続人の死亡の日ということになります。

2 猶予税額の全部を納付しなければならないケース

(1)　特例農地等の面積の20%を超えて任意に譲渡等及び贈与並びに転用した場合

　任意の譲渡等には、収用等による譲渡や生産緑地法の規定による「買取りの申出」等に基づいて「市・区」などの行政が買い取る場合等の譲渡等は含まれず、また、贈与の場合で農地等の生前一括贈与による贈与は除外されます。

(2)　特例農地等の面積の20%を超える面積について農業委員会の勧告の通知を受けた場合

　平成26年4月1日以後は、農業委員会は利用状況調査及び利用意向調査を経て農地所有者に対し農地中間管理機構による農地中間管理権の取得に関し協議すべきことを勧告し、勧告したことを所轄税務署長に通知することになります。この通知がありますと納税猶予の期限が確定することになり、通知を受けた面積が納税猶予適用面積の20%を超えていると、納税猶予税額の全部とそれに対応する利子税の納付が必要になります。

(3)　継続届出書を期限までに提出しなかった場合──112ページを参照ください。

(4)　増担保又は担保の変更命令に応じなかった場合

　税務署長は、増担保や担保の変更を命令することができることになっていますが、この命令に従わない場合も、猶予期限の繰上げ確定の事由に該当することになります。

(5)　その他

3 猶予税額の納付期限及び利子税

　上記2に記載する事実が生じた場合は、それぞれの事実が生じた日の翌日から2ヶ月以内に、猶予されていた税額と、一定の割合で計算した利子税の合計額を納付しなければなりません（104ページ参照）。

第5章◆農地等に係る納税猶予制度

納税猶予税額の全部を納付しなければならないケース

納税猶予期限の確定事由	納税猶予期限
(1) 農地等（生産緑地を除く）の面積の20%を超えて任意に譲渡、転用した場合　20%超←	譲渡等の事由が生じた日の翌日から2ヶ月後
(2) 農地等（生産緑地を除く）の面積の20%を超える面積について農業委員会が勧告した旨の通知があった場合　農業相続人　農業廃止	通知があった日の翌日から2ヶ月後
(3) 3年ごとの継続届出書の提出を怠った場合　継続届出書　未提出　税務署	届出書の提出期限の日の翌日から2ヶ月後
(4) 増担保又は担保の変更命令に応じない場合	期限確定の通知書に記載した猶予期限
(5) その他	

5-13 相続税(贈与税)の納税猶予期限の確定事由等②

【猶予税額の一部を納付しなければならないケース】

　納税猶予制度では一定の条件の下で、本来納付すべき贈与税及び相続税を猶予するものであり、条件を満たさなくなった場合は「猶予」が打ち切られ、遡って猶予税額の全部又は一部を納付しなければならなくなります。

■1 納税猶予額一部納付の確定事由

⑴　特例農地等の面積の20%以下の任意譲渡等

　特例農地等の全体の面積の20%以下について、任意に譲渡、贈与あるいは転用などがあった場合には、その譲渡等をした農地等に見合う納税猶予額とこれに係る利子税の合計額を、譲渡等があった日の翌日から2ヶ月以内に納付しなければなりません。

　なお、20%以下の基準はあくまで特例農地等の面積であり、評価額ではないことにも注意が必要です。

⑵　買取り申出等による生産緑地非該当

　生産緑地法第10条に基づく「買取りの申出」又は同法第15条に基づく「買取り希望の申出」をした場合には、これらの申出をした日の翌日から2ヶ月後に納税猶予の期限が確定します。

⑶　特例農地等の面積の20%以下の面積について遊休農地である旨の通知を受けた場合

　平成26年4月1日以後は、農業委員会は利用状況調査及び利用意向調査を経て農地所有者に対し、農地中間管理機構による農地中間管理権の取得に関し協議すべきことを勧告し、勧告したことを所轄税務署長に通知することになります。この通知がありますと納税猶予の期限が確定することになり、通知を受けた面積が納税猶予適用面積の20%以下の場合には、納税猶予税額の通知を受けた面積に対応する相続税額とそれに係る利子税の納付が必要になります。

⑷　収用等による特例農地等の譲渡等も遡り課税の対象!!

①　収用等も遡り課税

　特例農地等について、収用等による譲渡等があった場合においても、猶予期限の確定事由に該当し、その収用等された特例農地等に見合う猶予税額とこれに係る利子税の合計額を、収用等により譲渡した日の翌日から2ヶ月以内に納付しなければならないことになります。

②　収用等の場合は利子税を免除

　土地収用法は強制法であり、特例農地等の所有者(農業相続人)に売却の意思がない場合でも、最終的には買い取られること、また道路等の公共用地に供されるための譲渡であることなどを考慮して、収用等以外の確定事由の場合の利子税の割合の2分の1と軽減されていました。平成26年4月1日から平成33年3月31日までの収用等については、利子税を免除されます。

第5章◆農地等に係る納税猶予制度

I. 納税猶予税額の一部を納付しなければならないケース

納税猶予期限の確定事由	納税猶予期限
(1) 特例農地等の面積の20%以下を任意に譲渡、転用した場合　20%以下←	譲渡等の事実が生じた日の翌日から2ヶ月後
(2) 特例農地等の面積の20%以下について農業委員会の勧告の通知を受けた場合	「勧告を受けた日」の翌日から2ヶ月後
(3) 生産緑地の「買取りの申出」や「買取り希望の申出」を行った場合 ※1年以内に譲渡見込みであり、かつ、譲渡日から1年以内に農地を取得する場合の特例があります。	「買取りの申し出」等があった日の翌日から2ヶ月後
(4) 特例農地等を収用等により譲渡した場合　収用交換等による譲渡 ※収用等による譲渡等は20%基準にはカウントされません。	同　上
(5) 準農地が農地の用に供されなくなった場合	10年を経過する日の翌日から2ヶ月後
(6) その他	

II. 利子税の割合

$$3.6\% \times \frac{貸出約定平均金利＋1\%}{7.3\%} \text{(注2)} = 利子税の割合（※）$$
(6.6%)（注1）

（※）0.1%未満の端数は切り捨てます。

（※）平成11年12月31日までは、利子税の割合は原則の6.6%です。

（※）収用等により譲渡した場合は、上記の利子税は免除されます。

（注1）**5−2③**については平成21年12月15日前の期間は6.6%とされています。

（注2）平成30年分は年0.7%です。

5-14 遡り課税の怖さ!!

　いろいろな理由で本来の納税猶予期限の前に期限が確定し、納税猶予を打ち切られると、猶予されている相続税に合わせて、納税を猶予されていた期間に対応する利子税を支払わなければなりません。

◾1 利子税を支払う理由

　本来の納税猶予期限が到来すれば、猶予されていた税額は免除されることになり、何ら問題は起りませんが、猶予期限前に何らかの期限の確定事由が発生し、納税猶予が打ち切られると、利子税の問題が発生します。これは本来申告期限に納付すべきであった相続税の納付が期限の確定があった日まで延ばされていたことと同じことであり、この猶予期間中の利子税を負担するのは当然といった考え方があるからです。

◾2 利子税の割合（率）及び計算方法

⑴　猶予制度における利子税については、納税猶予税額も本来の相続税の一部であること、また、この制度の乱用を防ぐという意味もあり、相続税の延納利子税の一番高い割合である年6.6％となっています。ただし、平成12年1月1日以降の期間については、次の②の割合で計算し、改正農地法等施行日以後の期間については次の③の割合で計算します。

　　①　平成11年12月31日まで……6.6％

　　②　平成12年1月1日以降……$6.6\% \times \dfrac{\text{前年の11月30日の基準割引率および基準貸付利率}+4\%}{7.3\%}=$利子税の割合

　　③　*5-2*◾3について

　　　・平成21年12月15日以降…$3.6\% \times \dfrac{\text{前年の11月30日の基準割引率および基準貸付利率}+4\%}{7.3\%}=$利子税の割合

　　　・平成26年1月1日以降……$3.6\% \times \dfrac{\text{貸出約定平均金利}+1\%}{7.3\%}=$利子税の割合

◾3 物納及び延納不可→譲渡税の問題

　右ページの事例では、猶予されていた相続税と利子税の合計額4億8,390万円を、確定事由が発生した日から2ヶ月以内に納付しなければなりません。相続税の申告期限が過ぎているため、物納による納付は不可能であり、また、猶予期限の確定により打ち切られた猶予税額及び利子税については、延納も認められませんので、一般的には土地等の不動産を売却して納税することになります。なお、生産緑地の買取り申出をした場合など一定の場合には5年以内の延納が認められます（措法70の6㊲）。相続税の申告期限から3年以内の土地等の譲渡であれば、本人の納付すべき相続税額のうち土地に係る部分については、譲渡所得の計算上、取得費に加算することができます（128ページ参照）が、これもすでに15年経過しているため、適用できないことになります。

　結果として、1億2,097万円の譲渡税も負担することになります（計算は省略）。

第5章◆農地等に係る納税猶予制度

遡り課税の概念図

例えば3億円の相続税の納税猶予を打ち切られた場合

平成X₁年1月
相続税申告期限

← 納税猶予15年 →

平成X₂年末
猶予期限確定

相続税の納税猶予適用
相続税額
3億円

15年間の利子税額
1億8,390万円（注）

15年で約2倍！

4億8,390万円を所有の土地を売却して一括納付する場合

6億487万円
相当分の土地の売却が必要

※相続発生後3年10ヶ月以上経過しており、売却した土地に長期譲渡所得税20%（所得税15%＋住民税5%）が課税されるためです。（復興特別所得税は考慮していません。）

合　計
4億8,390万円

猶予期限の確定により納付すべき猶予税額 ＋ 利子税 ＋ 譲渡税

1．納税猶予を打ち切られると、「猶予税額＋利子税＋譲渡税」で、15年間で約2倍になります。

2．物納や延納による納税はできません。

3．相続税の申告期限から3年以上経過すると、土地に係る相続税額が譲渡所得の計算上控除できません。

4．土地下落が続いた場合、猶予された相続税は減らず、さらに利子税や譲渡税が加算されることになり、土地売却による納税は極めて厳しい状況になることが予想されます。

（注）実際には、毎年変動する利子税の税率に応じて計算し、その累計が利子税の総額となります。ここでは、変動がないものとして計算してありますが、ご了承ください。

5-15 納税猶予を任意に取りやめる場合

　税法上、贈与税の納税猶予制度については、任意に取りやめて猶予されている贈与税額を精算できる規定がありますが、相続税の納税猶予制度には、この規定は設けられていません。ただし、実務上は任意の取りやめの届出書を税務署に提出すれば受理され、提出日が納税猶予期限の確定になります。

■ 「任意の取りやめ」が贈与税の猶予制度にしか設けられていない理由

① 　贈与税の猶予制度は、農地等の生前一括贈与が行われた時点における特例農地等の評価額に基づいて贈与税が課税され、贈与者が死亡した時に猶予税額が免除され、受贈者が贈与者である被相続人から特例農地等を相続又は遺贈によって取得したものとみなして、その時における評価額に基づいて相続税が課税されることになります。したがって、地価の上昇局面では、生前一括贈与した時点より将来の贈与者の死亡時点の方が特例農地等の評価額も上昇することになり、結果として猶予されている贈与税額より新たに課税される相続税が高額となってしまいます。これを避けるためには、受贈者は猶予期限（原則として贈与者の死亡の日）の前に、猶予税額に利子税を合わせた額を納付しなければなりません。このようなことから贈与税の納税猶予制度には、租税特別措置法第70条の4第1項4号で、任意の取りやめの規定が設けられ、右ページⅠのとおり「贈与税の納税猶予取りやめ届出書」を提出することで、取りやめることができることになっています。

② 　一方、相続税の納税猶予制度に任意の取りやめの規定がないのは、この制度が農業相続人が終身営農を前提としていること、また相続税を猶予される時(特例農地等の所有者である被相続人の死亡の日)における猶予相続税額と、猶予期限（農業相続人の死亡の日）における相続税額は同額であり、変動しないことなどから、あえて任意の取りやめの規定を設けるまでもないと考えられたことによるものです。

　　ただし実務上は、相続税の猶予制度においても、特例農地等の全部又は一部について、農業相続人が任意による取りやめを希望する場合は、これを認めることとされています。その場合には上述の「贈与税の納税猶予取りやめ届出書」を相続税に訂正して使うことになっています。

② 任意に取りやめるケース

⑴ 相続税対策としての贈与税猶予制度取りやめ

　まさに■の①の理由で、任意の取りやめは相続対策として有効であり、手続も極めて簡単です。

⑵ 農業相続人の終身営農義務との関係

　相続税の猶予制度が改正されて十数年が経ち、特定市における農業相続人が死亡の日まで営農を続ける、いわゆる終身営農の困難さが理解されるにつけ、相続税の猶予制度の任意の取りやめ事例が現実に起こってきており、今後加速すると懸念されています。

⑶ その他

　上記⑴⑵以外にも、相続税の納税猶予の任意の取りやめは、実務上、かなり見られます。

第5章◆農地等に係る納税猶予制度

Ⅰ．贈与税の納税猶予取りやめ届出書

贈 与 税 の 納 税 猶 予 取 り や め 届 出 書

税務署
受付印

※欄は記入しないでください。

平成＿＿年＿＿月＿＿日

＿＿＿＿＿税務署長

〒

届出者住所＿＿＿＿＿＿＿＿＿＿＿＿

氏名＿＿＿＿＿＿＿＿＿＿＿＿印
（電話番号　　　－　　　－　　　）

　贈与税の納税猶予を受けている税額及びその利子税を納付し、納税猶予の適用を
受けることを取りやめたいので、その旨届け出ます。

記

1　受贈年月日　　　　昭和
　　　　　　　　　　平成＿＿年＿＿月＿＿日

2　納付した猶予税額　------------------------------------ ＿＿＿＿＿＿＿円

3　2の税額とともに納付した利子税の額 ------------- ＿＿＿＿＿＿＿円

4　納付年月日　　　　平成＿＿年＿＿月＿＿日

関与税理士		印	電話番号	

※	通信日付印の年月日	確認印	猶予整理簿	検算	整理簿番号
	年　月　日				

（資12－17－A4統一）（平28.6）

Ⅱ．任意に取りやめるケース

1．相続税対策としての贈与税の納税猶予の取りやめ

2．相続税の猶予期限（終身営農）との関係

3．その他

5-16 相続税納税猶予の任意取りやめの具体的事例

　相続税の納税猶予制度には任意の取りやめを想定していないため、税法上も規定がないにもかかわらず、ここ数年、農業相続人等が自ら納税猶予を取りやめる事例が徐々に増えてきています。その理由で最も多いのが、都市部における終身営農継続の困難性であり、今後法的な猶予期限の確定だけでなく、納税者の任意による納税猶予の取りやめ事例が増える可能性があります。

1 農業相続人が「終身営農」の趣旨を理解していなかった事例（右ページ①）

　この事例は、平成９年に父親が死亡し、当時30歳代だった長男が生産緑地を相続して相続税の納税猶予を受けたが、農業相続人が終身営農の趣旨を理解していなかったケースです。この事例の場合、70歳代の配偶者（農業相続人の母親）もおり、配偶者が農業相続人となる方法もあったわけですが、結局下記のとおり、納税猶予の全部について取りやめることになりました。

① 父親の相続発生 ——————————————— 平成９年11月５日
② 取りやめた日 ——————————————— 平成16年４月30日
③ 相続税の納税猶予額 ————————————— １億7,000万円
④ 利子税額 ——————————————————— 4,221万円
⑤ 全部取りやめによる納付金額 —— ③＋④＝２億1,221万円

2 資金繰りが苦しくなり、一部取りやめ売却した事例（右ページ②）

　この事例は、ある若い農業相続人が農地の全部について納税猶予を受け、農業収入だけで何とか生計を維持しようと頑張ったが、広大な自宅やその他の宅地等の固定資産税等の負担あるいは生活費が想像以上に重く、やむをえず特例農地の一部について、納税猶予を取りやめて売却することになりました。

3 隣家の要望で一部取りやめ売却した事例（右ページ③）

① 売却した特例農地等の相続税評価額：43.5万円／3.3㎡（全体4,160㎡）
② 譲渡代金：145万円／3.3㎡（約40㎡）＝1,757万円
③ 一部取りやめによる納付した猶予税額及び利子税の合計額：313万円

　相続税評価額は広大地の評価減等で3.3㎡当たり43.5万円であり、3.3㎡当たり145万円で評価額の３倍以上の譲渡価額ではありますが、双方にとってメリットのある事例であると思います。

4 納税猶予をやめるにやめられない事例（右ページ④）

　平成６年父親の相続により、当時53歳の農業相続人が納税猶予の適用を受けたが、平成14年頃、内臓疾患を患い、長期入院を余儀なくされており、農業後継者もいないため、納税猶予を取りやめ特例農地等の売却及び活用を検討したが、平成６年当時と比べ地価は半値以下になっていること、利子税・譲渡税を含めるとその特例適用農地を全部売却しても足りないことがわかり、取りやめを断念し、農業ヘルパーを頼んで営農を継続している事例です。

5 その他

以上の他にも、近年様々な事情で猶予の取りやめの事例が出てきているように見受けられます。

相続税納税猶予任意の取りやめの事例

納税猶予全部取りやめの事例

① 相続税納税猶予期限との関連
　・農業相続人が終身営農継続の趣旨を理解していなかった事例

納税猶予一部取りやめの事例

② キャッシュフロー対策としての一部取りやめ
　・都市型農家は農業収入だけで生計を維持することは難しい
　・土地の切り売りには限界がある

③ 隣家の要望で特例農地の一部を売却
　・広大地で大幅評価減、かつ、小さい面積の高値売却事例

納税猶予をやめるにやめられない事例

④ 農業相続人が長期入院を余儀なくされているのに、農業後継者がいない事例

5-17 農業投資価格及び相続税納税猶予額の計算

　相続税の納税猶予制度の適用を受けると、特例農地等について右ページの農業投資価格により評価し、通常の方法による評価額との差額に対応する相続税額が猶予されるため、特例農地等に係る相続税のほとんどが猶予されることになり、地価の高い都市部に行くほど納税猶予額は高額になっています。

1 農業投資価格

　相続税納税猶予制度における猶予税額の計算の基礎となる「農業投資価格」とは、特例農地等について恒久的に耕作又は養畜の用に供されるべき土地として、自由な取引が行われるとした場合における通常成立する価格として各国税局長が決定した価格をいいます。つまり、将来の潜在的な宅地期待益ともいうべき部分を除いた純粋に農地としての取引価格ともいえ、右ページ表のとおり、通常の取引時価と比べ極端に低くなっていると同時に、全国的な地域差がほとんどないのが特徴といえます。

2 納税猶予税額及び期限内に納付すべき相続税額

①農業相続人の相続税額＝Ａ＋（Ｂ－Ｃ）

②農業相続人の期限内に納付すべき相続税額＝Ａ

③農業相続人の納税猶予税額＝Ｂ－Ｃ

　・Ａは特例農地等の価額を農業投資価格によって計算した場合の農業相続人の相続税額

　・Ｂは通常の方法により計算した相続税の総額

　・Ｃは特例農地等の価額を農業投資価格によって計算した場合の相続税の総額

④農業相続人が２人以上の場合

$$\text{納税猶予税額} \times \frac{\text{その人の農業投資価格超過額}}{\text{農業投資価格超過額の合計額}} = \text{各農業相続人の納税猶予額}$$

3 どれくらいの相続税が猶予されているか!?

　残念ながら全体的なデータが公表されていませんし、地域による格差が大きいため、詳細についてはわかりません。ただし、路線価の下落や地積規模の大きな宅地等の評価方法の改正などで、近年猶予税額は減少傾向が見られます。

① 　約2億2,000万円

　この金額は、東京都全体の一農家当たりが受けている相続税の納税猶予額の平均額です。

② 　2億1,700万円

　この金額は、著者の事務所のお客様の平成18年から平成20年までの３年間における一農家当たりの平均額です。

③ 　各年の納税猶予額（百万円）

・平成28年（41,200）　　・平成27年（43,969）　　・平成26年（44,086）

　過去の猶予額の累計は６兆円近くにのぼると推計されています。

4 相続税納税猶予制度の今後の動向

上記**1**のとおり、本来納付されるべき莫大な相続税が納税を猶予されるのは、国策としての農業保護政策の一環と考えられますが、これは農家が農業後継者を育成し、特例農地等においてしっかり肥培管理を行い、営農を継続することを前提としているものです。しかし、農家がこのことを忘れ、猶予制度は農家の固有の権利でいつまでも永続するものだと考えているようだと、この制度に対する世論の厳しい目もあり、遠くない将来、存続を問われる動きが出てくる可能性は大きいのではないかと危惧されます。

平成30年分農業投資価格

（10アール当たり、単位：千円）

国税局	適用地域		農業投資価格 田	畑	国税局	適用地域	農業投資価格 田	畑
札幌	北海道	中央ブロック	300	128	名古屋	愛知県	850	640
		南ブロック	236	117		三重県	720	520
		北ブロック	169	55	大阪	滋賀県	730	470
		東ブロック	169	73		京都府	700	470
仙台	青森県		380	180		大阪府	820	570
	岩手県		420	200		兵庫県	770	500
	宮城県		520	270		奈良県	720	460
	秋田県		500	175		和歌山県	680	500
	山形県		510	220	広島	鳥取県	640	370
	福島県		510	255		島根県	550	295
関東信越	茨城県		705	625		岡山県	710	400
	栃木県		695	575		広島県	660	360
	群馬県		790	660		山口県	610	290
	埼玉県		900	790	高松	徳島県	680	330
	新潟県		660	265		香川県	740	360
	長野県		730	490		愛媛県	700	340
東京	千葉県		740	730		高知県	615	287
	東京都		900	840	福岡	福岡県	770	440
	神奈川県		830	800		佐賀県	710	400
	山梨県		700	530		長崎県	550	320
金沢	富山県		580	260	熊本	熊本県	730	420
	石川県		570	260		大分県	530	330
	福井県		580	260		宮崎県	580	410
名古屋	岐阜県		720	520		鹿児島県	510	400
	静岡県		810	610	沖縄	沖縄県	220	230

(注) 札幌国税局の適応地域ブロックの管轄区域は

中央ブロック：下記以外の税務署
南ブロック：函館、八雲、江差、室蘭、苫小牧、浦河
北ブロック：名寄、紋別、稚内、留萌
東ブロック：釧路、網走、北見、帯広、根室、十勝池田　　をいいます。

5-18 相続税の納税猶予制度における継続届出書の提出義務

　相続税の猶予制度は、農業相続人が特例農地等において営農を継続することを前提としており、農業相続人の営農継続意思の確認とこれを担保するという意味で、この継続届出書（右ページ参照）を猶予期限まで提出し続けることが最も重要な義務といえます。

■1 継続届出書の提出義務

　農業相続人は、納税猶予の適用を受けている相続税額の全部について引き続き納税猶予の適用を受けたい場合には、納税猶予期限まで相続税の提出期限の翌日から起算して毎3年経過する日までに、この継続届出書に①農業経営を引き続いて行っている旨の農業委員会の証明書（114ページ参照）、及び②特例農地等に異動があった場合にはその明細書を添付して、所轄税務署長に提出しなければなりません。

■2 特例対象農地等に都市営農農地等を含まない場合

　特例農地等に都市営農農地等（生産緑地）が含まれていない場合は、現に猶予制度の適用を受けている特例農地等の全部を担保に提供した場合には、継続届出書の提出は不要とされていましたが、平成17年度の税制改正で提出が必要になりました。

■3 特例対象農地等に都市営農農地等を含む場合

　納税猶予を受ける特例農地等に都市営農農地等が含まれている場合も、毎3年ごとの継続届出書の提出義務は同じですが、都市営農農地等が含まれていない場合とは次の点で異なります。毎3年ごとの継続届出書に上記■1の場合の添付書類のほかに「特例農地等に係る農業経営に関する明細書」（115ページ参照）の添付が必要になります。

■4 農業経営を行っている旨の証明書の重要性

　この証明書は、農業相続人が猶予制度を受けている特例農地等において農業経営を引き続き行っていることについて特例農地等の所在地の農業委員会が証明するものですが、この証明書の発行についても改正農地法等施行日以後は、農業委員会は利用状況調査に基づく指導を行っても指導に従わないなどの場合は、その農地所有者に対してその農地が遊休農地であること及びその状況を通知することになりますので、このような場合には当然証明書が交付されないことになると考えられます。

■5 特例農地等に係る農業経営に関する明細書

　この明細書は、特例農地等においての営農状況について作付け期間や生産量及び出荷量、出荷先などの明細を農業相続人が記入して作成します。3年ごとの提出といっても、日々の営農状況について継続的に記録を残していかないと作成できないことになっており、特定市における農業相続人にとって、高齢化とともにこの明細書の作成は肥培管理と共々、厳しい負担になることが予想されます。

■6 継続届出書を提出しなかった場合

　継続届出書が期限までに提出されない場合には、相続税の納税猶予期限の確定事由とな

第5章◆農地等に係る納税猶予制度

り、その提出期限の翌日から２ヶ月を経過する日までに猶予されている相続税額の全額と利子税を納付しなければならなくなります（104ページ参照）。

Ⅰ．納税猶予制度の継続届出書

※様式は政省令施行により改正される場合があります。

相続税の納税猶予の継続届出書

税務署受付印

平成＿＿＿年＿＿＿月＿＿＿日

＿＿＿＿＿＿税務署長

届出者住所　〒＿＿＿＿＿＿＿＿＿＿＿＿＿＿＿＿＿

氏名＿＿＿＿＿＿＿＿＿＿＿＿＿＿＿＿＿印
（電話番号　　－　　　－　　　）

※欄は記入しないでください。

租税特別措置法第70条の6第1項の規定による相続税の納税の猶予を引き続いて受けたいので、次に掲げる税額等について確認し、同条第32項の規定により関係書類を添付して届け出ます。

農地等の相続（遺贈）があった年月日		平成　　　　年　　　　月　　　　日
被相続人	住所	氏名　　　　　　（　　年　　月　　日生）

1　納付すべき相続税額のうち納税の猶予の適用を受けた相続税額　・・・・・・・・　＿＿＿＿＿＿＿円

2　1のうちこの届出書の提出までに特例農地等の譲渡等をしたため、
　既に納税の猶予が確定し納付した相続税額　・・・・・・・・・・・・・・・・・　＿＿＿＿＿＿＿円

3　1のうち相続税の申告書の提出期限の翌日から20年が経過をし
　たため免除された相続税額　・・・・・・・・・・・・・・・・・・・・・・・　＿＿＿＿＿＿＿円

4　1のうち届出日現在において納税の猶予を受けている相続税額
　（1－2－3の金額）　・・・・・・・・・・・・・・・・・・・・・・・・　＿＿＿＿＿＿＿円

5　納税猶予の適用を受けた農地等については、＿＿＿＿年＿＿＿月＿＿＿日に　推定相続人
　　　　　　　　　　　　　　　　　　　　　　　　　　　　　　　　　他の推定相続人等　＿＿＿＿＿＿＿に対して

　使用貸借による権利の設定をしたが現在もその農地等をその　推定相続人
　　　　　　　　　　　　　　　　　　　　　　　　　　　　他の推定相続人等　に引き続き使用させています。

6　この届出書の提出期限の属する年の前3年間の各年における特例農地等に係る農業経営に関する事項の概要は、「別紙1　特例農地等に係る農業経営に関する明細書」のとおりです。（特例農地等のうちに都市営農農地等がある場合、平成17年4月1日以降の相続に係る相続税の納税猶予の場合又は平成17年3月31日以前の相続に係る相続税の納税猶予で営農困難時貸付け若しくは特定貸付けを行っている場合）

7　特例農地等に係る営農困難時貸付けに関する事項は、「別紙2　農地等に係る営農困難時貸付けに関する明細書」のとおりです。（営農困難時貸付けを行っている場合）

8　特例農地等に係る特定貸付けに関する事項は、「別紙3　特例農地等に係る特定貸付けに関する明細書」のとおりです。（特定貸付けを行っている場合）

※　添付書類
　○　農業経営を引き続き行っている旨の農業委員会の証明書（上記の5に該当する場合には、その推定相続人が農業経営を引き続き行っている旨及び届出者が推定相続人の営む農業に従事している旨の証明書）
　○　この届出書を提出する前3年間に特例農地等の異動があった場合には、その明細書
　○　別紙1　特例農地等に係る農業経営に関する明細書（特例農地等のうちに都市営農農地等を有する場合、平成17年4月1日以降の相続に係る相続税の納税猶予の場合又は平成17年3月31日以前の相続に係る相続税の納税猶予で営農困難時貸付け若しくは特定貸付けを行っている場合）
　○　別紙2　特例農地等に係る営農困難時貸付けに関する明細書（営農困難時貸付けを行っている場合）
　○　営農困難時貸付けを行っている特例農地等に係る貸付けを引き続き行っている旨の農業委員会の証明書（営農困難時貸付けを行っている場合）
　○　別紙3　特例農地等に係る特定貸付けに関する明細書（特定貸付けを行っている場合）
　○　特定貸付けを行っている特例農地等に係る貸付けを引き続き行っている旨の農業委員会の証明書（特定貸付けを行っている場合）

関与税理士		電話番号	

※	通信日付印の年月日	確認印	猶予整理簿	検算	整理簿番号
	年　月　日				

（資12－12－2－A4統一）　（平28.6）

113

Ⅱ. 添付書類①

引き続き農業経営を行っている旨の証明書

証　明　願

平成　　年　　月　　日

農業委員会会長　殿

申請者　住　所
　　　　氏　名　　　　　　　　　　　　㊞

私は、租税特別措置法　第７０条の４第１項　の規定の適用を受ける農地等に
　　　　　　　　　　　第７０条の６第１項
係わる農業経営を下記の期間引き続き行っていることを証明願います。

記

引き続き農業経営を行っている期間

平成　　年　　月　　日から　　平成　　年　　月　　日まで

申請者は、租税特別措置法　第７０条の４第１項　の規定の適用を受ける農地
　　　　　　　　　　　　　第７０条の６第１項
等に係わる農業経営を上記の期間引き続き行っていることを証明する。

国農委証第　　　　号

平成　　年　　月　　日

農業委員会会長

第５章◆農地等に係る納税猶予制度

Ⅱ．添付書類②

別　紙　1

特例農地等に係る農業経営に関する明細書

受贈者、相続人 (受遺者)の氏名	

租税特別措置法　第70条の4第26項
　　　　　　　　第70条の6第31項　の規定による継続届出書の提出期限の属する年の前3年間の各年における特例農地等に係る農業経営に関する明細は、次のとおりです。

1　継続届出書の提出期限の属する年の前1年目における特例農地等に係る農業経営に関する明細

番号	農地等の所在地	地目	面　積 (内作付面積)	作付期間 (種類品名等)	生産量・ 飼育頭羽数 kg（頭羽）	出　荷　量 kg（頭羽）	主な出荷先(氏名・名称)	収入金額
			（　　　）	～ （　　　）				
			（　　　）	～ （　　　）				
			（　　　）	～ （　　　）				
			（　　　）	～ （　　　）				
			（　　　）	～ （　　　）				
			（　　　）	～ （　　　）				
			（　　　）	～ （　　　）				
			（　　　）	～ （　　　）				
			（　　　）	～ （　　　）				
			（　　　）	～ （　　　）				
			（　　　）	～ （　　　）				
			（　　　）	～ （　　　）				
			（　　　）	～ （　　　）				
			（　　　）	～ （　　　）				
			（　　　）	～ （　　　）				
合計			（　　　）					

(資12-34-1-A4統一)

5-19 相続税の納税猶予を受けるための手続

相続税の納税猶予制度は、農地等に係る相続税が対象ということもあり、各地域の農地等の状況や農業従事者等について熟知している農業委員会が、農業相続人や特例対象農地等に対する判断や認定を行い、証明書（右ページ参照）を発行することになっています。

1 相続税の期限内申告及び期限内分割が必要

この制度の適用を受けようとする者は、相続税の期限内申告書の提出が必要です。また、相続税の申告期限までに遺産分割協議が終了し、農業相続人がその特例対象農地等を相続又は遺贈により取得したことが確定することが必要となっており、未分割の場合はこの特例の適用が受けられないことになります。

2 相続税の納税猶予に関する適格者証明書

⑴　相続税の納税猶予制度は、農業を営んでいた個人である被相続人から、農業相続人が相続又は遺贈により農地等を取得して農業を営むことが前提となっており、特に農業相続人については、農業後継者として適格であるかどうかは重要な要件となります。

この適格者証明書は、この申請に基づく被相続人が相続税の猶予制度に規定する被相続人に該当するか、また農業相続人が相続又は遺贈により取得した農地等において農業を開始し、その後引き続き農業経営を行うと認められる者として、その特例農地等の所在地の農業委員会が明らかにするものです。

⑵　特例適用農地等の明細書

上記の適格者証明書の別表であり、この明細書に記載された農地等について農業委員会が判定することになっています（右ページ参照）。

3 「適格者証明書」を発行してもらうために、農業委員会に提出する書類等

「適格者証明書」の発行は、農業相続人の申請に基づいて行われるものであり、農業委員会が適格かどうかの判定をするための書類等を提出することになり、各農業委員会によって多少の違いはありますが、概ね次のようなものになります。

①営農確約書　②遺産分割協議書　③その他……所有権移転後の登記簿謄本、印鑑証明書（相続人全員）など

4 農業委員会による現地調査

農業相続人により上記の適格者証明願いが提出されたら、書類調査を終えた後1〜2週間のうちに、複数名の農業委員と事務局の担当者が、申請された農地等の現地調査をします。その際、肥培管理が適正になされていない場合は、ここ数年の傾向として厳しい営農指導が行われますが、問題のない場合、1〜2週間で証明書が発行されます。

5 農業委員会は毎月1回しか開催されない

開催日は決まっているわけではありませんが、だいたい毎月20日前後が多いようです。相続税の猶予制度の適用を受けるためには、相続税の申告書に上記の適格者証明書の添付が必要となるので、月1回しか開催されないことに留意することが必要です。

Ⅰ．相続税の猶予制度における農業相続人の適格者証明書

Ⅱ．適格者証明書の別表

5-20 相続税評価上の生産緑地の評価減と買取申請との関係

　生産緑地は他の特例農地等と違い、建物を建てたり、宅地の造成をしてはいけないなどの行為の制限があり、原則30年の営農継続が義務づけられています。これらの特殊性を考慮して、一定の割合による評価減が認められています。

１　生産緑地の評価

(1)　生産緑地の基本的な評価方法

　　生産緑地の相続税評価額＝

　　　　（その農地等が生産緑地でないものとして評価した価格）×（１－評価減割合）

(2)　生産緑地でないものとして評価した価格

　相続税財産評価通達等に基づいて、路線価方式及び倍率方式等により宅地としての通常の評価をした価額です。

２　生産緑地の評価減割合

①課税時期において買取り申出中又は買取りの申出が可能な生産緑地：減額割合　５％

②課税時期において買取りの申出ができない生産緑地：減額割合　10％～35％（右ページ参照）

　なお、生産緑地法に基づく買取りの申出を行った翌日から起算して３ヶ月を経過している生産緑地については、行為制限が解除されており、一般の特例農地等と比べ何らの制限も受けないことから、減額割合はないことになっています。

３　買取り申出ができることとなる日までの期間

　次のいずれかに該当すれば、買取申請ができることになっています。

　①　生産緑地地区指定から30年経過した時

　②　主たる農業従事者が死亡した場合

　③　主たる農業従事者に営農継続を不可能とさせる事故等が発生した場合

４　実務上ほとんど減額割合は５％であることに注意!

　これは、旧生産緑地以外の生産緑地は、平成４年に最初の指定が行われているため、まだ30年を経過していませんし、③のケースは現実にほとんどないことによるものです。したがって実務上はほとんどの場合、減額割合は５％ということになります。

５　減額割合10％～35％が使用できるケース

　生産緑地の買取りの申出は生産緑地の所有者が行うことになっていますが、上記③のとおり、指定から30年経過するか、主たる従事者が死亡等しない限りできないことになります。したがって、耕作権が設定されている生産緑地の所有者が死亡した場合でも、耕作権者が生きていれば買取りの申出のできない生産緑地に該当することになり、《30年－指定後の経過年数》の年数に応じて、右ページの10％～35％の減額割合が使えることになります。

生産緑地の評価減割合

生産緑地の評価減

生産緑地については、利用が制限されるなどの特殊性を考慮して、次に掲げる割合が控除されることになっています。

①課税時期において買取り申出中又は買取り申出が可能な生産緑地：減額割合5％
②課税時期において買取り申出ができない生産緑地
　➡次のそれぞれの割合

買取り申出ができることとなる日までの期間	減額割合
5年以下	10％
5年を超え10年以下	15％
10年を超え15年以下	20％
15年を超え20年以下	25％
20年を超え25年以下	30％
25年を超え30年以下	35％

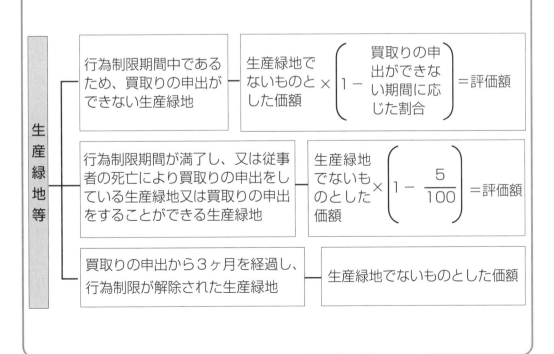

5-21 納税猶予制度の対象となる農地等には どのようなものがあるか

　納税猶予の対象となる農地等は従来、地域や区域に関係なく、基本的には農地法に規定する農地等とされていましたが、平成3年度の税制改正により、平成4年1月1日以降の相続税及び贈与税の納税猶予の特例対象となる農地等には「特定市街化区域内農地等」が含まれないことになりました。

■ 納税猶予の特例の対象となる農地等

① 農地等

　相続税及び贈与税の納税猶予の対象となる農地等とは、農地法に規定する農地又は採草放牧地で、特定市街化区域内農地等以外のもの、及びこれらと共に取得した準農地のことをいいます。

② 耕作権

　上記①の農地又は採草放牧地には、それらの土地の上に存する地上権、永小作権及び賃借権等も含まれますので、贈与者又は被相続人が他の者の農地に設定している賃借権である耕作権は特例対象農地等に該当するが、逆に他人に耕作権を設定させている農地等は該当しないことになります。平成21年12月15日以後は、農業経営基盤強化促進法の規定に基づいて貸し付けられている市街化区域以外の農地については、相続税の納税猶予制度の適用対象とすることとされました。

③ 平成30年 農地等の判断基準の一部見直し

　右ページ表のように、農地等の判断基準は昭和27年以来『耕作の用に供される』がキーワードになっているため、農業の実態と乖離する傾向が広がり、時に農地の判断は裁判に持ち込まれることも多くなっていました。相続税申告の実務面でも、植木畑や温室の敷地、あるいは農地内の農作業用の通路等についてはトラブルケースがありましたが、平成30年度に農地法等の改正を前提に、コンクリート等で覆われた農作物の栽培施設の敷地について、通常の農地と同様に特例適用が可能となりました。

■ 農地等の認定は農家と国との争いの歴史でもある

　農地法第2条第1項に規定する「農地とは耕作の用に供する土地」を狭義に解釈すると、農地等とは畑と田しか該当しないことになり、農業の実態に合わなくなってしまいます。このようなことから農地の認定については、過去、農家が訴訟に持ち込むケースもありました。

　そういった経緯もあり、国の農地に対する考え方にも徐々に変化が見られます。平成14年4月1日以降、施設園芸用地内の通路や農業に必要な施設等の敷地が農地として認定されるようになったことなどは、そのひとつの形として捉えることができます。

120

納税猶予制度の対象となる農地等の範囲

Ⅰ．特例の対象となる農地等は基本的には農地法第2条第1項に規定する農地等である。

特例農地等に該当するもの	特例農地等に該当しないもの
○現在は耕作されていないが、耕作しようとすればいつでも耕作できるような土地（休耕地） ○植木の植栽されている土地（植木を育成する目的で苗木を植栽し、かつ、その苗木の育成について肥培管理を行っている土地） ○土地区画整理事業に係る土地（従前の土地が農地であり、区画整理事業の完了した後も作物を栽培している土地に限る） ○盆栽を育成販売するために盆栽用の苗木を植え、肥培管理している土地（例えば、苗床）	○いわゆる家庭菜園（宅地の一部を一時的に耕作しているもの） ○工場敷地や運動場等を一時的に耕作しているもの ○宅地の空閑地利用（建物等の建設に着工するまでの間など、たまたま耕作しているもの） ○農作業場の敷地 ○温室の敷地（ただし、一定の手続によってコンクリート敷きで耕作を継続している場合を除く） ○畜舎、牧舎の敷地 ○盆栽を眺めるために植えてある土地 ○農地等に栽培されている立毛、果樹等

農業の用に供されている農地の判定	
農業の用に供されている農地	農業の用に供されていない農地
○災害・疾病等のためやむをえず一時的に休耕している農地、療養により他人に一時使用させている農地 ○土地改良法による改良事業による工事施工中のため耕作不能となっている土地 ○市街化区域外農地及び生産緑地における一定の貸付農地	○左記以外の貸付農地

Ⅱ．三大都市圏の特定市の市街化区域農地等は特例対象とならない。

　　ただし、これらの農地のうち都市営農農地等（生産緑地）は対象農地等に該当する。

第6章 ケーススタディ

6-1 特例農地等を保有する農家だけが相続税をゼロにできる!

　一次相続の相続税をゼロにして、二次相続まで先送りすることも可能です。特に比較的若い時に一次相続が発生した場合は、二次相続まで先送りすることで路線価の下落や相続対策を実行する時間稼ぎができるという意味でも有効な手段だといえます。

1 なぜ相続税をゼロにできるのか!?

　仕組みは極めて簡単ですが、次の3つの条件のすべてを満たす必要があります。

① 配偶者が全部の財産を相続すること

② 特例農地等の評価額が全相続財産の評価額（債務控除後の純資産価額）の2分の1を超えること

③ 特例農地等について相続税の猶予制度の適用を受けること

　相続税法上、配偶者は相続により取得した財産に係る相続税のうち、法定相続分までは相続税がかからないことになっています。また、相続財産に特例農地等があり、これらの農地等について相続税の納税猶予制度の適用を受けると、一定条件の下で相続税の納税が猶予されます。これらの特例を適用すれば納付すべき相続税額はないことになり、結果として数十億の相続税であってもゼロ申告が可能となります。

2 ゼロ申告を選択した理由

　右ページの【事例】により考えていきます。

① 配偶者が63歳とまだ若く、二次相続まで相当期間が見込めること

② 子供3名のうち、長男に農業後継者の意思があるので、配偶者が農業相続人となり終身営農となっても、営農継続は特に問題とならないこと

③ 被相続人が65歳とまだ若かったので、相続対策等が一切実行されていないこと

④ 配偶者に全財産を相続させた後、その財産（土地等）を活用して、長男が長期にわたって（二次相続発生まで）相続税の納税資金対策を実行する

⑤ 配偶者に遺言書を書いてもらい、二次相続の遺産分割協議で争族にならないようにする（配偶者及び他の子供も同意）

⑥ その他

3 相続税額等（平成27年以後の相続）

① 課税価格　　　　　　　　12億3,000万円（A）

② 相続税の総額　　　　　　約4億3,620万円（B）

③ 配偶者の税額軽減額　　　△2億1,810万円（C）

④ 相続税の納税猶予額　　　△2億1,810万円（D）

⑤ 納付すべき相続税額　　　　　　　0　円

4 相続税が0円になる理由

　被相続人の遺産総額（A）に対する相続税の総額は約4億3,620万円（B）となりますが、相続税法第19条の2（配偶者の税額軽減）の規定により、このケース（相続人が妻と子

供）では、相続税総額の2分の1の2億1,810万円（C）が軽減されます。さらに相続財産のうちの生産緑地に係る相続税について納税猶予の特例の適用を受けると、（D）の2億1,810万円が猶予されることになり、結果として納付すべき相続税額はゼロということになります。

一次相続は相続税をゼロにする！

【事 例】
1．財産の内訳

①

その他の財産 1億3,700万円	宅地その他の不動産 4億2,400万円	生　産　緑　地 7億500万円 （通常価額）

② 債務控除額　　3,600万円
③ 基礎控除額　　5,400万円

2．家族構成 ── 被相続人　　65歳
　　　　　　　└ 法定相続人　4人（妻63歳／子供3人）

3．農業相続人 ── 配偶者

4．相続の方法
　① 配偶者がすべての財産を相続する。
　② 特例農地等（生産緑地）について相続税の納税猶予制度の適用を受ける。

6-2 生産緑地の「売却」「物納」「延納」の関係

　都市型農家は相続税の納税について、土地を売却して充当するケースがほとんどですが、売却予定の土地が生産緑地である場合、手続のスピードによって大きく有利・不利が出てくることになります。

1 生産緑地が解除されるまで3ヶ月必要

　生産緑地地区指定が解除されるまでには、買取りの申出から3ヶ月の時間が必要となります。仮に売却するとすれば、それから農地転用の届出と売買契約を同時に行うことになりますが、生産緑地は基本的に500㎡以上の面積となっており、各行政の開発指導要綱に基づく開発許可申請が必要になります。開発許可が下りるまで3ヶ月〜6ヶ月かかるので、生産緑地を売却する場合、最終残金の決済まで、買取りの申出から早くて6ヶ月、場合によっては1年以上かかることに留意すべきです。

2 相続税の申告及び納税手続は時間との戦い

　相続税の申告・納税期限は相続発生の翌日から10ヶ月後です。四十九日の法要後すぐに税理士等に依頼したとしても、相続財産の調査及び評価等に1ヶ月程度かかるとして、その資料を参考にしながら相続人間の遺産分割の協議が始まり、すべてがスムーズに進んだとして、生産緑地の買取り申出ができるのは被相続人の相続発生から3ヶ月〜4ヶ月後というのが通常のパターンです。都市型農家の場合、10ヶ月の間に申告・納税手続をすべて終わらせるのは至難の業であり、まさに時間との戦いといえます。

3 買取りの申出には相続人全員の同意が必要

　買取りの申出は、相続人に生産緑地の所有権を移動、又は相続人全員で行うことになります。実務的には全体の遺産分割協議に時間がかかる場合、売却予定の生産緑地だけの一部分割協議書を作成し、所有権を移動する方法も有効です。主たる従事者の死亡等の証明書を発行する農業委員会も通常月に1回しか行われないので、早め早めの行動が必要となります。

4 売却と物納のいずれが有利、不利の判断

　売却価格と物納による収納価額のいずれが高いかで判断することになりますが、収納価額は基本的には相続税の評価額となるので明らかですが、売却価格は契約できるまでわかりません。そこで実務的には、申告期限までに土地の売却ができない場合は、とりあえず売却予定の土地の物納申請をしておいて、売却予定価格がわかった時点で比較検討し、売却の方が有利であれば、物納を取り下げて売却代金で納税することになります。

5 物納→売却

　物納申請をした土地を売却してその代金で納付する場合は、物納を取り下げることになりますが、相続税の申告期限から納付した日までの期間に対応する延滞税を納付する必要があります。

第6章◆ケーススタディ

「買取りの申出」と売却及び延納・物納との関係

1．買取り申出

(1)　「買取りの申出」ができるとき

① 生産緑地地区指定から30年経過するか
又は

② 主たる従事者が死亡するか
又は

③ 主たる従事者に営農継続を不可能とさせる事由が生じた時

(2)　生産緑地を売却や物納するための手続

① 上記(1)のいずれかによる買取りの申出を行う

② 市（区）が買わない場合は買取りの申出の翌日から１ヶ月以内に「買い取らない旨」の通知書送付

※市（区）が買い取る場合は１ヶ月以内に買い取る旨の通知書を送付する

③ ②の場合は、買取りの申出から３ヶ月経過後に行為制限の解除
→ 生産緑地地区の解除

2．物納の手続

① 延納によっても金銭納付が困難な場合で

② 相続税の申告期限までに物納申請書が提出されていること

③ その他

3．延納と物納の関係

① 延納から物納への切換えは　平成18年4月1日以後の相続開始から一定の条件で可

② 物納から延納への切換えは　物納が却下された場合のみ可

125

6-3 特定市における相続税の猶予制度の受け方

　三大都市圏の特定市において相続税の納税猶予制度の適用を受ける場合の最大のリスクは、農業相続人が終身営農を継続しなければならないことと、猶予期限が確定された場合のいわゆる「遡り課税」です。猶予制度の適用を受ける際は、この2つのリスクへの対応を充分に検討する必要があります。

1 収用予定の特例農地等は納税猶予を受けない?

　相続税の納税猶予期限の確定事由には、収用等による特例適用農地等の買収も含まれます。しかし例えば、特例農地等が都市計画道路の予定地となっている場合、被相続人の相続発生時において都市計画事業が実際に動き出しているのか、単に都市計画図に道路予定地として表示され、事業開始が何十年後かわからない状態なのかによって、納税者の対応も全く違うものにならざるをえなくなります。

　実際に道路建設の都市計画の公告、縦覧が行われてからでも、都市計画の変更・告示・事業認可を経て、実際の用地買収まで早くても3～4年、ケースによっては10年以上かかることもありえます。

　この場合、収用予定地にある特例農地等について猶予制度の適用を受けるべきかどうかについては、

① 高齢の配偶者がいる場合、さしあたって配偶者が農業相続人となって、収用予定の特例農地等を相続し、収用等による用地買収までの時間稼ぎをする。か、

② 配偶者がいない場合、右ページ図のように、特例農地等のうち、収用予定の部分を分筆して、そこについては納税猶予を受けない。という2とおりが考えられます。

　一方、都市計画図上の単なる都市計画道路予定地の場合、判断が難しいところです。農業相続人の年齢や都市計画の実現性等を勘案して、納税猶予を受けるかどうか決めます。なお、収用等による特例農地等の買収の場合、代替資産として農地等を取得することで遡り課税を回避することもできます。

2 配偶者が農業相続人になる

　特例農地等に都市営農農地等（生産緑地）がある場合は、農業相続人は終身営農継続を義務づけられます。この終身営農への対応策として、被相続人の子供に営農意思がある場合、被相続人の配偶者が農業相続人になり、子供が営農を手伝うケースがしばしば見受けられます。ただし、このケースでは配偶者の死亡までの間に、相続税の納税猶予制度そのものが廃止され、二次相続では猶予制度が受けられなくなるリスクが、可能性としてはあります。

3 生産緑地と市街化調整区域内農地等を所有している場合

　特例農地等に都市営農農地等（生産緑地）がある場合は、その他の特例農地等についても納税猶予期限は農業相続人の死亡の日となります。その回避と二次相続対策として、次のような納税猶予の受け方が考えられます。

① 生産緑地→配偶者が農業相続人→終身営農
② 三大都市圏以外の市街化区域内農地等→子供が農業相続人→20年営農

①の場合、二次相続発生時に生産緑地を解除して相続税納税のために処分したり、あるいは土地活用等が可能となります。もちろん、二次相続において子供が農業相続人として再度、納税猶予の適用を受けることも可能です。

相続税納税猶予制度の受け方のいろいろ

1．収用される予定の特例農地等については納税猶予の特例を受けない

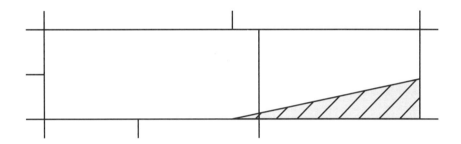

2．配偶者が農業相続人になる
・終身営農への対応
・制度廃止のリスク

3．生産緑地と三大都市圏の特定市以外の市街化区域内農地等を所有している

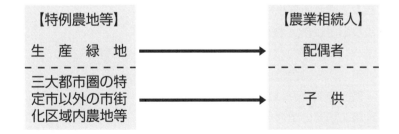

6-4 相続発生は土地売却のチャンス!

【納税猶予額も譲渡代金から控除される】

相続又は遺贈により取得した土地等を相続開始日の翌日から3年10ヶ月以内に譲渡した場合、その者が納付すべき相続税額のうち、相続等により取得した土地等に係る相続税額が取得費とみなされ、譲渡代金から控除されます。また、実際には納付しなくても相続税の猶予制度の適用を受け、猶予される相続税額も控除できることに留意が必要です。

なお、平成27年1月1日以後に相続又は遺贈により取得した土地等を譲渡した場合、取得した土地等全部に係る相続税額ではなく、譲渡した土地等にかかる相続税額のみを取得費とみなされることになり、その効果が減少しています。

■ 相続税額の取得費加算の特例の計算例

【設例】

①	譲渡価額	2億2,000万円
②	取得費(概算取得費5%)	1,100万円
③	譲渡費用	500万円
④	相続により取得した土地の価額	8億1,000万円
⑤	うち譲渡した土地の価額	1億7,500万円
⑥	相続税の課税価格	8億7,500万円
⑦	納税猶予税額	7,000万円
⑧	実際に納付した税額	1億9,700万円
⑨	確定相続税額	2億6,700万円

⑩ 取得費に加算される相続税額

  ㋑ 平成26年12月31日までの相続・遺贈による取得

$$2億6,700万円⑨ \times \frac{8億1,000万円④}{8億7,500万円⑥} = 2億4,700万円$$

  ㋺ 平成27年1月1日以後の相続・遺贈による取得

$$2億6,700万円⑨ \times \frac{1億7,500万円⑤}{8億7,500万円⑥} = 5,340万円$$

《譲渡所得金額及び譲渡所得税額の計算》

(1) 相続等により取得した土地等の譲渡の場合

 ㋑の場合　①-(②+⑩の㋑+③)=△4,300万円　譲渡所得税0円

 ㋺の場合　①-(②+⑩の㋺+③)=1億5,060万円

    1億5,060万円×20%=3,012万円

(2) 通常の土地等の譲渡の場合

 譲渡所得金額　①-(②+③)=2億400万円

 譲渡所得税(住民税を含む)　2億400万円×20%=4,080万円

2 効果は少なくなるが、都市型農家にとって相続発生時は土地売却の好機

　上記の設例では、平成26年中の相続・遺贈によって取得した土地等を譲渡した場合、取得費や譲渡費用を考慮せずに最大譲渡所得金額2億4,700万円まで譲渡所得税がかかりません。しかし、平成27年1月1日以後の相続又は遺贈による取得の場合には、譲渡した土地等にかかる相続税額しか取得費に加算できないため、設例の場合、同じように譲渡しても、3,012万円の譲渡所得税が課されます。効果は少なくなりましたが、次のような理由で、相続発生時は土地売却の好機と捉えることもできます。

① 相続等により取得した土地を一定期間内に売却した場合、上記1のとおり20％の譲渡所得税が軽減される
② 一般的に農家は土地を売却する時、親戚関係者や世間体を気にする（遠慮）傾向があるが、相続発生時は相続税を支払うための売却という理由がたつ
③ 納税猶予額も控除の対象となり、納税資金等を確保する手段としても有効

**相続発生は土地売却のチャンス！
相続税納税猶予額も譲渡代金から控除される！**

1. 相続税取得費加算の特例
　　→相続発生翌日から相続税の申告書の提出期限の翌日以降3年以内の土地等の譲渡

　＜取得費に加算される相続税額＞（平成27年1月1日以後）

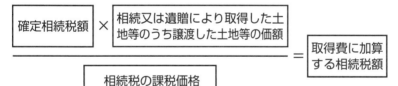

　　※　この算式の金額は土地等を譲渡した者ごとに計算します。

2. 上記の確定相続税額には実際に納付した相続税額だけではなく、納税猶予を受ける相続税額も含まれます！
3. 支払代償金を支払った場合には計算式が異なります。

第7章 相続税申告時・生産緑地継続か解除か

7-1 生産緑地所有者に相続発生……継続・解除でどうなる

　生産緑地を所有している方に相続が起きた場合、その相続人は生産緑地の指定を受けたまま納税猶予の適用を受けるべきか、それとも買取請求をして高い相続税と宅地並み課税の固定資産税を払うか、十分検討して決めましょう。

1　農業後継者がいないと生産緑地を続けられない

　生産緑地を続けていけば納税猶予の適用で相続税の納税猶予を受けることができますし、固定資産税も農地としての非常に安い金額で済みます。しかし、猶予された相続税は生産緑地を相続人自らが死亡しない限りは免除されませんから、生産緑地の営農を一生続ける必要があります。つまり後継者が営農を続けることが前提なのです。

2　農業後継者がいないと生産緑地を解除するしかない

　農業後継者がいないため営農が継続できない場合は、生産緑地を解除するしかありません。ということは、宅地としての高い評価額で計算した相続税を、相続発生から10ヶ月後に金銭で納付しなければなりません。翌年からは宅地並み課税の固定資産税を納付しなければなりません。相続税の納税資金や固定資産税の納付資金がなければ、その生産緑地か他の土地を売却する等して準備するか、又は延納か物納です。延納や物納は権利調整ができないこともありますし、できても時間がかかることが多く、抵当権が設定されたり、利子税がかかったりと容易ではありません。相続発生までに生産緑地所有者が一定の要件に該当し、買取請求をして事前対策をしておくことが重要です。

3　農業後継者がいる場合には生産緑地の継続も

　農業後継者がいる場合には、生産緑地を継続し、相続税の納税猶予を受け、農地課税の安い固定資産税で済ませることが有利です。しかし、この場合には次の代、被相続人から見て、孫が営農を続けていく意思があるかどうかが重要です。確かに固定資産税は安いのでいいのですが、相続税については孫が営農しなければ、今回の相続人に次の相続が発生した時の相続税負担が大変になるからです。

4　生産緑地の解除はできても相続税負担が……

　生産緑地所有者に相続が発生すると、納税猶予を受けたとしても死亡による買取請求事由が発生していますので、生産緑地解除はいつでもできます。しかし、生産緑地の買取請求をしますと、申請と同時にその生産緑地に係る納税猶予を受けている相続税と利子税を一括して納付しなければなりません（原則年3.6％ですが、変動金利で平成30年は年0.7％）。

5　生産緑地を継続して相続税を支払うという選択肢も

　生産緑地を継続して当面は営農を続けて固定資産税を大幅に安くしておいて、一方で相続税は手持ち資金や他の土地を売却して支払うという選択肢もあります。孫が営農しないことが確実な場合に、次の対策の選択肢の1つといえます。

第7章◆相続税申告時・生産緑地継続か解除か

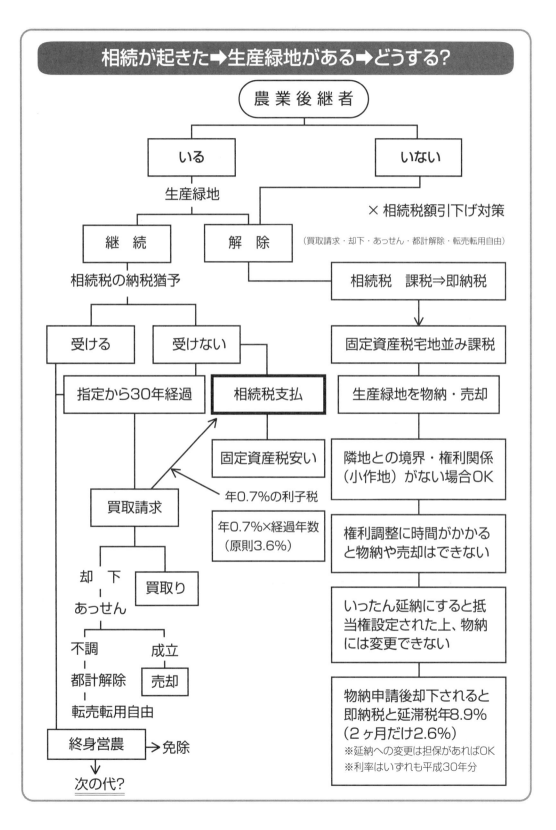

7-2 相続発生時に生産緑地を継続するか解除するか

　生産緑地を所有している主たる営農者(甲)に相続が発生した場合の意思決定の基準は、まず後継者(乙)に終身営農する意思があるかどうか、次に、さらにその後継者(丙)にも終身営農する意思があるかどうかが重要です。

◨ 二代を通じて意思確認する

　右ページを見てください。生産緑地を所有している甲さんに相続が発生した際に、その子である乙さんが生産緑地として相続することは簡単ですし、相続税の納税猶予の適用を受け、固定資産税を農地課税の安い税金で保有し続けることができます。しかし、乙さんに相続が発生したときにその子(丙)に営農する意思がなければ、乙さんにかかる相続税は何の対策もできていませんので、宅地としての非常に高い評価額でまともに相続税がかかることになります。

◩ 孫である丙さんに営農意思があれば問題ない

　甲さんの相続時に乙さんが生産緑地として相続税の納税猶予を受けても、丙さんに将来営農意思があれば何の問題もありません。乙さんが元気な間は引き続き農業を続けていただき、体力的に無理が出てくれば丙さんに営農行為をしていただければよいわけです。場合によっては生産緑地の全部を丙さんに一括贈与し、贈与税の納税猶予を受けることも可能です。

◪ 孫である丙さんの次の相続への対応

　といっても、丙さんに相続が起きたときに、同じ問題が生じます。次の代の営農意思が明確でない限りは、一括贈与による贈与税の納税猶予を受けるべきではありません。通常は甲さんの相続発生時にそこまで見通せませんので、少なくとも丙さんの意思確認だけはしっかりとしておく必要があります。

◫ 乙さんの相続対策は別の土地で

　最近は90歳前後まで長生きされる方も珍しくありません。そうするとその後継者も60歳後半ということになり、次の相続のことを考える必要があります。乙さんの相続対策を考慮して、甲さんの相続財産の分割をすることが重要です。その際には、生産緑地を丙さんが営農する予定がない場合と営農する予定のある場合とで対応が大きく変わります。

⑴ **営農しないとき**……別の土地で相続税評価引下げ対策を実行することが可能であったり、財産移転対策などで次の乙さんの相続税対策がある程度可能であったりすれば、生産緑地で相続税の納税猶予を受け、固定資産税も農地課税とすることも考えられます。乙が営農できなくなったことを考えると、相続税を一括で支払い、その資金は一部土地の売却でまかなうことも考える必要があるでしょう。

⑵ **営農するとき**……乙さんの相続時について、他の土地で対策が可能であれば、生産緑地で相続税の納税猶予を受けます。対策が困難なときは生産緑地の一部を解除して対策をし、場合によっては土地の一部売却も考慮します。

132

第7章◆相続税申告時・生産緑地継続か解除か

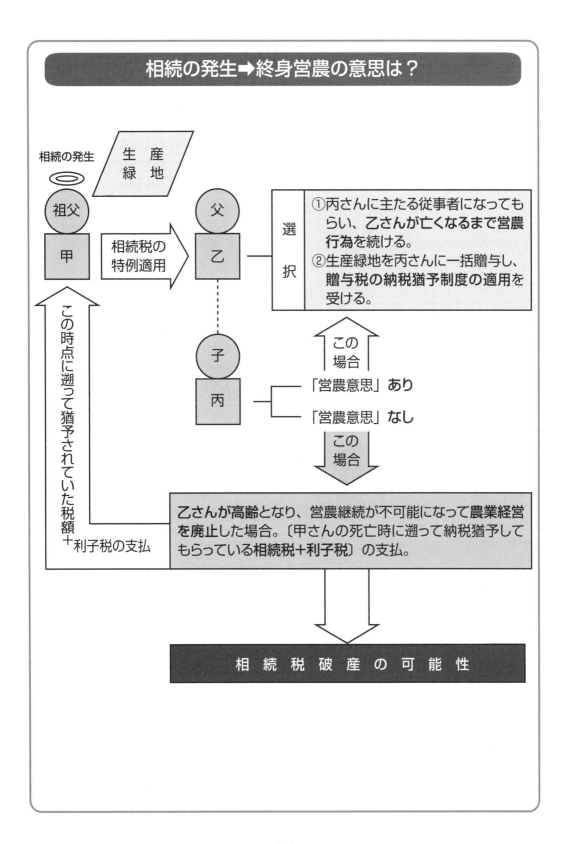

7-3 いったん配偶者が相続して納税猶予を受けることも

　営農者の相続発生後に生産緑地の買取りの申出をせず、いったん配偶者が納税猶予を受けて、配偶者の相続発生まで意思決定を延ばすこともありえます。しかし、一次相続と二次相続を合わせた税負担は不利になることもあり、十分検討して決断する必要があります。

1 後継者が生産緑地を相続し、納税猶予を受けるケースが一般的

　右ページの下の表は、ある生産緑地を所有している方の相続税の試算例です。配偶者と子が4人おられます。従来から相続税対策の一環として土地の有効活用など、様々な対策を進めておられます。一般的には、生産緑地について納税猶予を受ける場合には配偶者ではなく子が生産緑地を相続し、納税猶予の適用を受けます。

2 後継者が農地相続しないときには、いったん配偶者が猶予を受けることも

　右ページの下の表の「①通常」にあるとおり、相続税の納税猶予を受けないと、一次相続時に6,600万円強の相続税の支払が必要になります。この方の場合には1億円の金融資産がありますので、相続税を払おうとすれば払えなくはありませんが、他の相続人に金銭で財産分割する必要があり、その資金を準備する必要があるという事情があります。そこで、表の「②納税猶予適用」にあるとおり、いったん配偶者が相続税の納税猶予を受けて、とりあえず4,200万円強の相続税で済ませたいというわけです。

3 配偶者が生産緑地を相続して納税猶予を受けると

　この事例では、右ページの下の表の「③差額」のとおり、納税猶予を受けた方が受けないよりも一次相続、二次相続の合計額で約380万円弱少なくなりますので、このようなケースの場合、納税猶予の適用を受ける方が圧倒的に多くなります。しかし、その場合には土地有効活用による収入確保と相続税額の引下げ対策が困難ですので、少なくとも一部は生産緑地の指定を解除することも一つの選択肢として考えるべきでしょう。

4 相続財産の総額、生産緑地の評価額などの条件で違う

　この事例では確かにこのようになりますが、相続財産の総額、生産緑地の評価額と全体に占めるその割合、相続人数などの条件は100人いれば100人とも違うわけですから、常にこのようにいったん納税猶予を受けた方が有利になるというわけではありません。少なくともあらゆるケースをシミュレーションしてから意思決定をする必要があります。

5 年齢差や健康状態、土地の評価額の変動その他の条件を総合的に判断

　しかし、その差額は約380万円のことです。配偶者がその後元気に長生きして、その間に土地の時価が下がって評価額が下がると、二次相続税は減少します。一次相続の相続税額が2,000万円以上少なく済んだことによって、金利相当額がプラスになったと考えることができますし、生産緑地と宅地にかかる固定資産税の差額についても有利になりました。あまり間があかずに二次相続が発生すると不利になりますから、その意味では、配偶者の方の健康状態も一つの判断基準となります。

ある生産緑地所有者の相続税の計算事例

【前提条件】

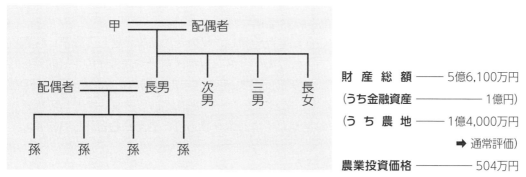

財　産　総　額 —— 5億6,100万円
(うち金融資産 —— 1億円)
(う　ち　農　地 —— 1億4,000万円
　　　　　　　　➡ 通常評価)
農業投資価格 —— 504万円

① 通常………納税猶予を受けない場合(財産の半分を配偶者が相続)
② 納税猶予…納税猶予を受ける場合(一次相続では、配偶者が生産緑地を取得し納税猶予を受けるとともに、配偶者の税額がゼロになるように他の遺産を分割。二次相続では農地につき納税猶予を受けないものとして計算)

【通常の場合と納税猶予の場合の比較表】

	①通常	②納税猶予適用	③差額(②-①)
課　税　価　格	561,000,000	426,040,000	-134,960,000
基　礎　控　除　額	-60,000,000	-60,000,000	0
課　税　遺　産　総　額	501,000,000	366,040,000	-134,960,000
一　次　相　続　税　額	66,436,000	42,404,000	-24,032,000
二　次　相　続　税　額	39,950,000	60,194,000	20,244,000
相　続　税　総　額	106,386,000	102,598,000	-3,788,000

7-4 一部生産緑地継続で納税猶予適用、一部生産緑地解除で有効活用

　孫の代まで全部を農地として相続していくのが困難な場合には、一部を生産緑地で営農しながら、一部は二次相続対策や次の後継者の相続対策としてその土地を利用することは十分考えられます。

1 一部生産緑地、一部を宅地化し有効活用

　右ページ図のように一筆の広い生産緑地を分筆し、半分を生産緑地として継続、相続税の納税猶予の適用を受けます。一方、残りの半分は二次相続対策や次の代の相続対策として生産緑地の解除申請をして宅地化、有効活用します。また、離れた場所に600㎡の生産緑地と550㎡の生産緑地がある場合において、一方は継続して生産緑地として相続税の納税猶予を受け、有効活用向きの土地で相続対策をすることや売却も考えられます。

2 一部解除が認められない場合も

　市町村の農業委員会によっては、生産緑地の解除申請を出す際に、一部解除が認められないところもあるようです。その点について現状では国土交通省や農林水産省から通達や指導事項も出ていませんし、現状では何の規定もありません。

3 相続税の納税猶予と固定資産税の農地課税

　生産緑地の適用を続ける方は、相続税の納税猶予の適用を受けて次の代まで営農を継続し、結果的に相続税の免除を受け、固定資産税は農地課税としての安い税額納付で済ませることが目的です。次の代が農地を継続すれば、相続税の課税を実質的に回避できます。

4 宅地化した土地では相続税対策を実施

　宅地化した土地は、配偶者の二次相続税対策や次の代の相続税対策とその土地の有効活用を目的とします。有効活用は立地によって大きく左右されます。あくまでも有効活用に向いた長期的な判断の下に、意思決定をする必要があります。

5 手順を間違えないように

　三大都市圏では500㎡以上の土地で一定の条件を満たす「地積規模の大きな宅地」については、大幅に評価額を引き下げることができます。「地積規模の大きな宅地」の適用を受けることができるかどうかは非常に重要ですので、その適用を受けることができる場合には、例えば次のようにする必要があります。

　　①　「地積規模の大きな宅地」として子がその土地の相続又は贈与（場合によっては相続時精算課税制度の選択適用を受ける）を受ける
　　②　その土地の上に相続対策が必要な人が賃貸物件を建築
　　③　土地の評価の貸家建付地評価減額は適用がなくてもよい

6 分筆には多額の費用が

　このように分筆するためには、測量費用や分筆費用、登記費用が必要になりますので、この費用の準備も必要です。

第7章◆相続税申告時・生産緑地継続か解除か

生産緑地の一部宅地化による有効活用

1,200㎡の生産緑地

| 600㎡の生産緑地 | 宅地化
二次相続対策で
有効活用 |

| 納税猶予適用 | 「地積規模の大きな宅地」評価適用の上、子が相続
→二次相続対策で配偶者が賃貸物件建築有効活用 |

次の代まで営農を続ける | 配偶者の相続税額引下げ対策

固定資産税　農地課税

第8章　調整農地の市街化編入
——生産緑地指定か？宅地化選択か？

8-1　平成13年都市計画法改正で都市計画決定が都道府県に

　平成13年に施行された都市計画法で、都市計画区域の決定の権限が国から地方公共団体へ移転しました。市町村合併の影響もあって各地で都市計画区域の変更が相次いでおり、その結果、農地課税にも影響が出てきています。

1 都市計画決定の権限が国から地方公共団体へ（右ページ図1）

　都市計画区域については、開発を促す「市街化区域」と開発を抑制する「市街化調整区域」とを区別する「線引き制度」がありますが、従来は画一的に人口10万人以上の都市については線引きが義務づけられており、その最終決定権は国土交通大臣にありました。

　改正後は地方自治体への大幅な権限委譲により、地域の実状に応じた多様な都市づくりを可能にしたのが特徴といえます。改正都市計画法の骨子は次のようになっています。

① 市街化区域、市街化調整区域の線引き有無の判断は、三大都市圏を除き、原則として都道府県が地域の実状に応じて自ら行う。

② 都道府県が線引きを選択せず用途が特定されない地域については、市町村は「特定用途制限地域」を定め、建築物の容積率や建ぺい率を選択して開発を抑制できるよう市町村が自ら都市計画区域の外に「準都市計画区域」を策定の上、都道府県が指定し、乱開発を防止できるようにする。高速道路のインターチェンジ周辺など、大型開発が増加するおそれのあるような地域を対象として考えられている（右ページ図2）。

③ 都市部商業地の高度利用を促すため、同一ブロック内の離れた建物を一体とみなして敷地面積や床面積を合算する「特例容積率適用区域制度」を導入する。

2 農地については従来より開発を容易に

　特に農地については、「市街化調整区域における規制を緩和し、地域の実状に応じて、市街化の進みつつある一定の地域における住宅等を許容する」としています。市街化調整区域のすぐ隣まで宅地開発が進み、基盤整備が整っているような地域については、従来のほとんど開発が認められない取扱いから、実状によっては開発が容易になると考えられます。一方、市町村が昨今の財政状況から固定資産税による財源確保という意味で、追加で基盤整備費用のかからないような地域の市街化編入を進める可能性も指摘できるでしょう。

3 市街化調整区域の市街化編入も

　三大都市圏の一部の府県では、市街化区域にある虫食い状態の市街化調整区域や幹線道路の伸長に伴う市街化調整区域の市街化編入が進められており、今後そのような取扱いが進む可能性が高くなってきているといえるでしょう。

　実際に、すでに香川県では従来の「線引き制度」を廃止、新しい都市計画制度を策定し、用途白地地域については容積率や建ぺい率の記載ができるようになりました。

　全国で市町村合併が進められましたが、その過程で線引き見直しが行われ、市街化調整区域から市街化区域に編入されるといった例も出てきています。

第8章◆調整農地の市街化編入──生産緑地指定か？宅地化選択か？

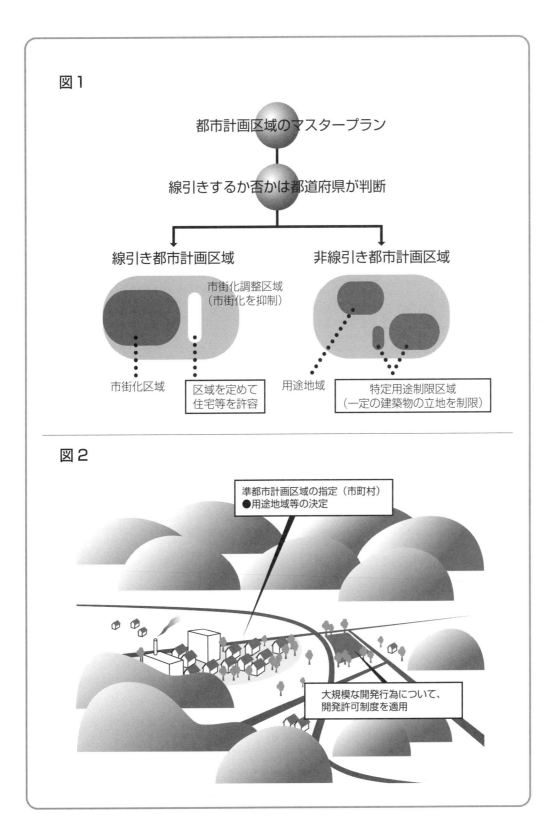

8-2 調整区域の市街化編入でこんなに相続税評価が上昇

　調整区域の農地が市街化区域に編入されますと、農地を宅地に転用する場合の手続が許可から申請に代わり容易に転用できるようになるため、相続税評価が大幅に上昇します。また、固定資産税も原則として宅地並み課税となります。

1 調整農地の評価方法

　「調整区域」の農地の相続税評価は、倍率方式（その農地の固定資産税評価額に一定の倍率を乗じて計算した金額によって評価する方式）によって計算されます。たとえその調整農地のある地域に路線価が付されていても、路線価方式によらずに倍率方式によって計算することとされています。

2 「路線価方式」と「倍率方式」

(1)　路線価方式の計算例

> ①1㎡当たりの路線価　　　　　225,000円
> ②1㎡当たりの造成費相当額　　　5,000円
> ③評価地積　　　　　　　　　　300㎡
> ◆計算式　　（225,000円－5,000円）×300㎡＝66,000,000円

　評価しようとする土地の接している道路に付されている路線価をもとに、その土地の地形や奥行き、間口、広さなどによって調整した1㎡当たりの評価額に、その土地の地積を乗じて計算することが基本です。農地の場合には道路面から段差があり、造成しなければ宅地として利用できないため、その造成費相当額を控除して計算することになります。

(2)　倍率方式の計算例

> ①固定資産税評価額　　　　　200,000円
> ②固定資産税評価額に準ずる倍率　　70
> ◆計算式　　200,000円×70＝14,000,000円

　倍率方式の場合には、その土地の固定資産税評価額に、その地域ごとに定められた倍率を乗じて計算することになります。

3 市街化区域農地の評価

　「市街化区域」の農地については、宅地比準方式（その農地が宅地であるとした場合の価額をもとにして評価する方式）によります。そのために、路線価が付されている地域においては、2(1)の路線価方式によって評価されることになります。また、路線価が付されていない地域については、倍率方式によって評価されます。

4 調整農地が市街化農地に編入された事例

　右ページの例では、調整区域の時には約1,362万円の評価だったものが、市街化区域編入後は1億2,420万円へと大幅に上昇した例です。調整区域から市街化区域編入されると、このような例は珍しくなく、少なくとも相当評価額が上昇します。

140

調整区域が市街化区域に編入された事例

●次の事例は、ある市で都市計画決定があり、調整区域から市街化区域に編入された実例です。

①現状の地目農地（田）
②現状の地積　600㎡
③現状の固定資産税評価額　79,200円（1㎡当たり132円）
④固定資産税評価額に準ずる倍率　172倍
⑤1㎡当たりの造成費　10,000円

```
   調整区域
   の農地

 ── ㉗ D ──
```

【計　算】

① 調整区域の時の評価額：79,200×172＝13,622,400円
② 市街化区域編入後の評価額（奥行補正率を1.0として計算）
　　（217,000－10,000）×600㎡＝124,200,000円

（単位：円）

	調整区域	市街化区域	差　額
基準評価額	79,200	207,000	
乗ずる倍率又は地積	172倍	600㎡	
土地の相続税評価額	13,622,400	124,200,000	110,577,600

8-3 納税猶予適用中の場合（平成3年12月31日以前の相続開始）

　平成3年12月31日以前に相続があって、納税猶予適用中の農地について譲渡や転用などの事情が生じたときは、営農を20年間継続して相続税額の免除を受けるかどうかは、生産緑地か、宅地化農地か、調整農地で判断が異なります。

■ 平成4年に特定市街化区域農地等の選択をしている場合

　平成3年12月31日以前に相続が発生して、その際に相続税の納税猶予制度の適用を受けていて、三大都市圏の特定市街化区域のため、平成3年の選択の際に生産緑地の指定を受けず宅地化を選択した場合には、そのまま営農を継続すれば、申告期限から20年経過後に相続税が免除されます。固定資産税評価は宅地並みに評価され、その評価額の3分の1が課税標準として課税されていますので、固定資産税負担は大変ですが、20年経過後は相続税が免除されていますので、いつでも宅地転用して自らの相続税対策をすることができます。また、相続の開始時期にかかわらず、20％以内（特定転用は含まれない）の任意の譲渡、転用等であれば、その転用等の面積に対応する部分の納税猶予の打ち切りのみで済みます。

② 20年経過後は有効活用で収益確保と相続税対策を

　仮に平成元年に相続が発生していて納税猶予適用中であれば、平成21年の20年経過日まで営農を続けていれば納税猶予額について免除されます。相続した農業後継者の年齢がその時に55歳であれば、その相続人自身が75歳になっていますので、自分自身の相続税対策をする必要があります。仮に農業後継者がいても生産緑地ではありませんから、その土地で相続税の納税猶予を受けることはできません。本業としての専業農家でもない限りは、今まで高い固定資産税を払って大赤字で営農を続けてきたわけですが、20年経過した時点ですぐに有効活用をして、収益確保と次の相続税対策をする必要があります。

③ 平成4年に生産緑地の選択をしている場合

　平成4年の生産緑地か否かの選択の際に生産緑地の選択をしていても、そのまま営農を続けていれば申告期限から20年後に相続税は免除されますが、農業相続人の死亡、故障又は平成34年になってからのいずれかの場合しか生産緑地の解除はできません。相続税の申告期限から20年経過をする前に、故障等による買取り申出をして生産緑地の解除をする場合には、申し出た日の翌日から2ヶ月を経過する日に、納税猶予額の全額と多額の利子税を納税しなければなりません。したがって、生産緑地を選択したということは、その土地の所有者にとっては「買取りの申出」をしないで済むように、代々農業後継者を育てていくということが相続税対策であるといっても過言ではないのです。

④ 生産緑地の解除ができない限りは生産緑地継続か高い相続税納付

　次の相続開始までに生産緑地解除ができなければ、後継者が生産緑地を継続すれば問題ありませんが、営農を継続できなければ宅地としての非常に高い評価額で相続税が課税されます。

第8章◆調整農地の市街化編入──生産緑地指定か？宅地化選択か？

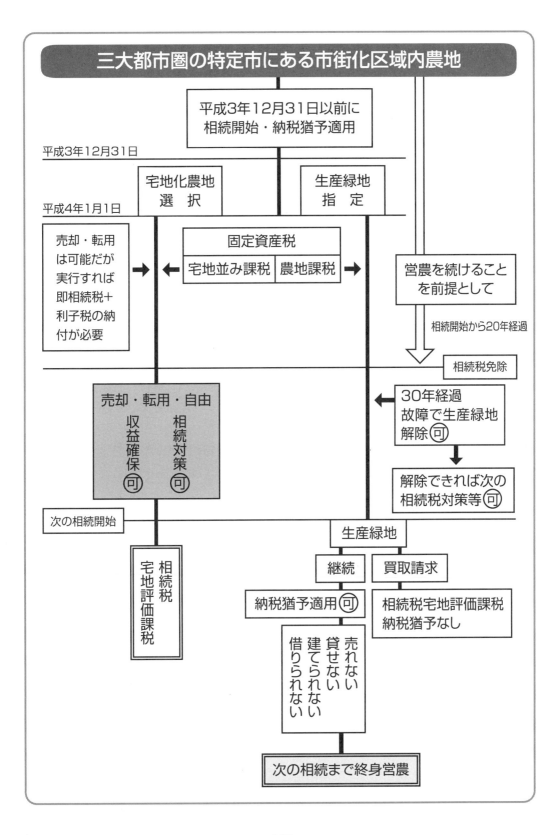

8-4 納税猶予適用中の調整農地が市街化区域に編入された場合（平成3年12月31日以前の相続開始）

　三大都市圏の特定市の調整区域内農地で、平成3年12月31日以前に相続が開始し、その時に納税猶予を受けている農地が市街化区域に編入された場合には、どのような選択をしても営農を続ける限り、相続税の納税猶予は継続されます。

1 市街化区域に編入されたからといって猶予が取り消されることはない

　平成3年12月31日以前の相続開始の場合、すでに営農を20年継続すれば免除されるという相続税の納税猶予制度の特例適用を受けていますので、調整区域から市街化区域に都市計画区域が変更されても、変更後も継続して営農していれば、相続税の申告期限から20年経過後、相続税は免除されます。それとは別に、都市計画法によって編入された時点で生産緑地の指定を受けるか、宅地化農地を選択するかを選択する必要があります。すなわち子々孫々営農を続ける（終身営農による納税猶予と固定資産税の一般農地課税）のか、土地の有効活用（納税猶予制度の不適用と固定資産税の宅地並み課税）をするのか、将来を見据えた選択が必要です。

2 宅地化農地を選択すると固定資産税が高くなる

　市街化編入と共に宅地化農地を選択しても、営農を継続していれば相続税の納税猶予の適用を続けることができます。しかし、固定資産税は宅地並みに評価された上で課税標準が3分の1とされますので、宅地として払う税金の3分の1で済むのですが、従来の税額からすれば数十倍になります。しかし、当初の相続税の申告期限から20年経てば猶予を受けている相続税は免除されますので、それ以降はいつ転用や売却などをしてもいいわけです。調整区域の農地といえども、その後幹線道路沿いになっていたり、近くに大規模商業施設ができたりしていれば、有効活用が可能になっていることもよくあります。収益確保と次の相続税対策をすることも可能です。

3 生産緑地を選択すると次の相続税対策はできなくなる

　幹線道路に面したり、近くに大規模商業施設がなければ、従来調整区域だったところが市街化区域に編入されたからといって、すぐに有効活用できるとは限りません。そのような場合には生産緑地を選択して、当面の固定資産税を安くすることを優先させるという判断もありえます。しかしその場合には、死亡、故障もしくは30年経過しなければ、生産緑地の指定を解除することができません。仮に次の相続発生までに、故障などにより生産緑地指定の解除ができれば、有効活用と相続税対策ができます。一方、農業後継者が次の相続後も引き続いて営農するのであればいいのですが、そうでなければ一挙に相続税が課税されます。

4 調整農地への買換え

　市街化区域編入が確定するまでに、市街化区域への編入予定のない調整農地に買い換えるのも一つの方法です。

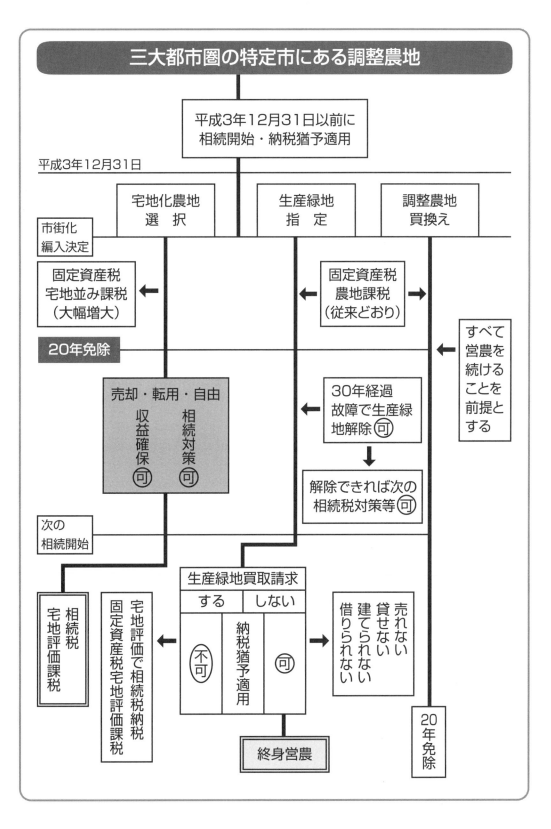

8-5 平成4年1月1日以後の相続開始の三大都市圏特定市街化区域農地

　特定市街化区域の平成4年1月1日以降の相続開始では、生産緑地は終身営農で納税猶予を受けることができます。

1 宅地化農地

　平成4年1月1日以降の相続開始では、三大都市圏の特定市における宅地化農地については納税猶予を受けることができません。しかし、とりあえず農地として利用していれば、固定資産税は原則として宅地にかかる固定資産税の3分の1で済むことになります。当面高い固定資産税を支払い続けていける資金があれば、とりあえずこの状態を続けておいて、良い条件での有効活用の話が出てきたときに実行するのも一つの方法といえるでしょう。有効活用に向かない土地は別にして、次の相続発生までには相続税対策として有効活用を検討すべきといえます。

2 生産緑地の指定を受けて納税猶予適用中の場合

　生産緑地として納税猶予を受けていますので、納税猶予期限は終身となります。次世代者が農業後継者であるならば生産緑地経営を続けますが、営農継続できなくなると相続税の納税猶予の適用が停止され、猶予されている相続税額と利子税の経過期間分の合計を営農停止時点から2ヶ月以内に納付しなければなりません。

3 相続発生までに生産緑地解除ができた場合

　生産緑地の解除は、主たる営農者の死亡、故障等、指定から30年経過した場合に限定され、その運用は市町村によって多少の違いがあるものの厳格にされています。相続発生前に生産緑地を解除して、次の相続税対策を実行して、有効活用による収入を手にすることもできます。ところが買取請求を出したとたん、少なくともその生産緑地で猶予を受けている相続税と、その相続税にかかる利子税を一括して納付しなければなりません。解除する生産緑地の面積が猶予を受けている農地の全面積の20％を超えると、猶予を受けている相続税全額とその利子税を一括して納付する必要があります。

4 解除できる場合に解除するかどうかの判断基準

　生産緑地の解除をした場合には、遡って支払わなければならない相続税とその期間に相当する単利で計算した利子税の総額と、有効活用によって今後発生する収益の見積額の総額を比較することが、まず必要でしょう。

　次に相続発生時点の生産緑地を解除せず、かつ相続税の納税猶予を受けないで計算した場合の相続税額と有効活用を実行した場合の相続税額とを比較する必要があります。いずれも有利になるなら実行すべきでしょうし、収益の見通しが相続税額と利子税の総額を下回る場合でも、次の相続の際の相続税が相当減額できれば実行することも十分考えられます。もっとも、転用時点で支払うべき税額の合計の資金を準備できなければどうしようもありませんが。

第8章◆調整農地の市街化編入──生産緑地指定か？宅地化選択か？

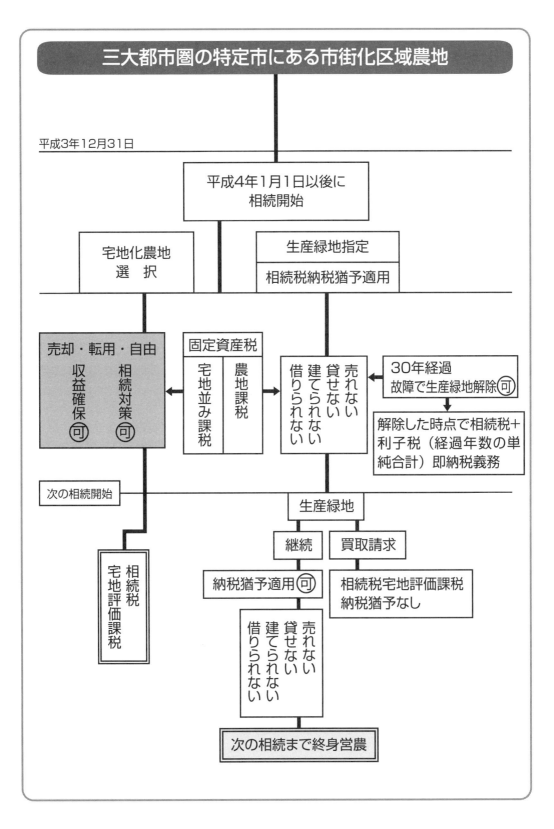

8-6 調整農地の市街化編入があった場合(平成4年1月1日以後の相続開始)

　平成4年1月1日から改正農地法等施行日前の相続開始で、納税猶予適用中に調整農地が市街化区域に編入されると、生産緑地の指定を受けなければ納税猶予停止、即納税猶予額と利子税の納付が必要になります。

1 平成4年1月1日以降の相続で納税猶予適用改正農地法等施行日中の調整農地は要注意

　三大都市圏の特定市で、平成4年1月1日から平成21年12月14日までの相続開始で調整農地において納税猶予の適用を受けている場合に、申告期限から20年経過後に相続税が免除の予定であったにもかかわらず、都市計画法に基づく都市計画の決定、変更等により、市街化区域への編入の告示等があった場合には、その農地等が平成3年1月1日において三大都市圏の特定市に所在していたものについては、告示等の日から2ヶ月を経過する日に納税猶予額と利子税額の納税(ただし、5年間の延納可)をするか(宅地化農地の選択)生産緑地の指定を受けるか、又は告示等の日から1ヶ月以内に所轄税務署長へ届出をして承認を得て、当該土地を1年以内に譲渡し、特例対象農地等又は生産緑地を代替地として取得をして納税猶予の継続を受けることとなります。

　したがって、市街化区域への編入が予定されている場合には、将来に向かって営農を続ける土地とするかどうかの判断をして、営農を続けるならば生産緑地の指定あるいは特例要件を満たす代替農地の取得の検討をしなければなりません。

2 生産緑地選択や調整への買換えなどの場合、20年免除は残る

　生産緑地の選択あるいは調整農地へ買い換えても、当初は調整農地で納税猶予を受けていますので、20年で免除されることには変更がありませんので安心してください。

3 生産緑地を選択すれば終身営農に

　今後も代々営農を続けて相続税の納税猶予を継続適用する場合には、「生産緑地」を選択するか「調整農地」への買換えをするかでしょう。その土地の場所を確保しておき、将来の資産価値の上昇を確保したいときには「生産緑地」とするしかないわけですが、次の相続時には20年免除の特例を確保することができなくなり、終身営農などの生産緑地の様々な制約を受けることになります。一方、「調整農地」に買い換えることができれば、次の相続税の納税猶予適用後に20年営農を継続すると、相続税の免除を受けることができます。もっともその場合には、相当の遠隔地になるかもしれませんし、開発される可能性がなくなってしまい、資産価値としては下落する可能性があります。

4 平成3年1月1日現在の特定市に限られる

　平成3年1月1日現在において三大都市圏エリアではあるが特定市に該当していない市町村が、その後特定市に該当することとなっても、生産緑地か宅地化農地の選択は必要となりますが、市街化区域内農地については相続税の納税猶予制度における20年免除規定は存続していますのでご留意ください。

148

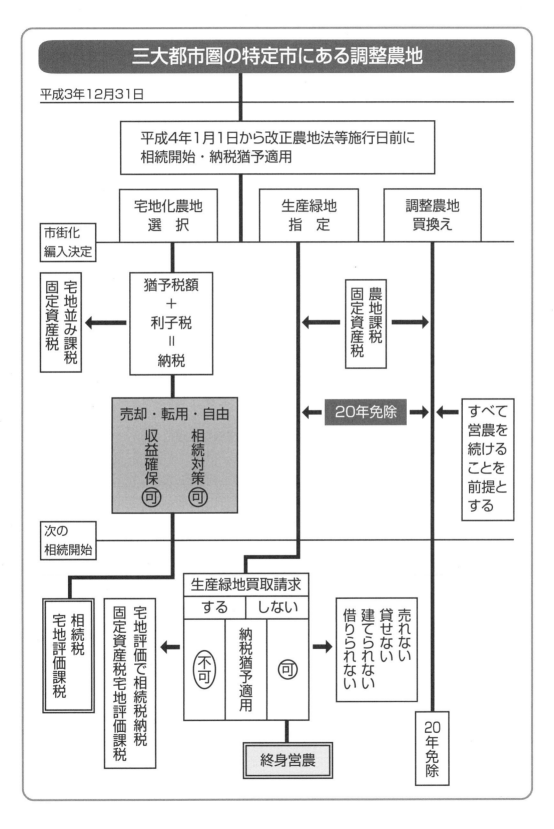

8-7 次の相続税対策を考え、有効活用で安定収入なら生産緑地解除

　最近の猛烈な勢いでの幹線道路整備によって、調整区域から市街化区域に編入された農地をロードサイド店舗用地として非常に有利に活用することが可能になり、生産緑地解除の方が有利な場合も出てきています。

■1 固定資産税が高くなってもそれ以上の収入があれば納税猶予解除も

　全国各地で幹線道路が伸張し、その沿線に大規模商業施設が開設されて人気を呼んでいます。調整区域から市街化区域に編入された農地で納税猶予を受けている場合、その農地を非常に有利な条件で借せるときに、どのような判断を下せばいいのでしょうか？

■2 調整農地又は市街化区域の生産緑地で納税猶予を受けている場合（平成3年12月31日以前）

　調整農地又は平成3年12月31日以前に市街化区域農地で相続税の納税猶予の適用を受けている場合には、既に相続税の申告期限から20年を経過していますので、相続税額は免除されています。生産緑地の場合は、指定から30年経過していませんので、主たる営農者の死亡又は故障がないと解除して有効活用することはできません。故障による解除事由が認められた場合には、有効活用を検討することも可能です。

　調整農地の場合には周辺まで宅地化が進んできていると、市町村によっては宅地化の許可を出すケースも出てきており、市街化編入とともに有効活用をするか否かの検討が必要な場合もあるでしょう。

■3 平成3年12月31日以前の相続開始で宅地化農地選択分

　平成3年12月31日以前の相続開始で、平成3年の選択時に宅地化農地を選択した場合には、最長でも平成24年6月30日には相続税全額と利子税が免除されています。いつでも有効活用することが可能です。高い固定資産税が課されているはずです。収入確保のために、有効活用が可能であれば検討する必要があるでしょう。もっとも、土地は自分のものとはいえ有効活用は投資です。リスクも十分に検討し、自らの相続税対策が必要か、収入と相続税対策のシミュレーションを十分に行った上で意思決定したいものです。

■4 生産緑地の場合

　生産緑地の場合には、買取請求ができるかどうかをまず検討する必要があります。可能であれば、平成3年12月31日以前の相続開始の場合には上記■2で判断します。平成4年1月1日以後市街化区域の生産緑地で納税猶予を受けている場合には終身営農となっていますが、買取請求が可能で、相続税の納税猶予額と利子税の既経過分を上回る収益が手にできるのであれば、次の相続税対策と収入確保対策として有効活用することが考えられます。

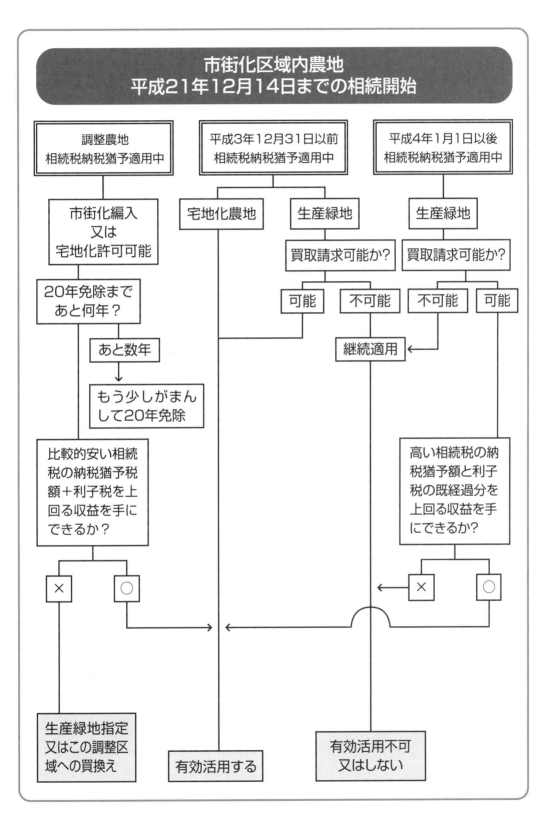

8-8 小作農地と相続税の納税猶予

平成21年の農地法改正で、農地法から「小作地」、「小作採草放牧地」、「小作農」、「小作料」などの用語が削除され、農地の貸借に関する取扱いが整理されました。しかし、従前からの小作については従来どおりの取扱いが継続されることに変わりはありません。

1 平成21年農地法改正後の小作地の取扱い

平成21年の農地法改正後においても、農業台帳の耕作者欄に小作人等として掲載されている耕作権者の権利には何の変更もありません。ただし、改正後に設けられた「農地について所有権、賃借権等の権利を有する者はその適正かつ効率的な利用を確保しなければならない」とする責務規定が適用されます。相続税の評価上、耕作権者には耕作権としての権利が財産として評価され、農地所有者の農地としての評価は耕作権を控除して行われますが、その判断は原則として農地台帳への記載の有無によることとされています。また、相続税の納税猶予の適用は、農地法改正後の市街化区域以外の区域における一定の貸付農地を除いて貸付農地の所有者に相続が開始した場合においては適用がありません。したがって、改正後においても従来からの小作農地の場合には、耕作権者については適用されますが、農地所有者に相続があっても適用されません。

2 いわゆるヤミ小作の権利保護はない

農地法の届出をしないで農地所有者が耕作を他の者に依頼していることがありますが、この場合には農業台帳の耕作者欄への記載がなく、当然農地法上の権利保護はありません。

3 生産緑地の指定には権利者全員の同意が必要

生産緑地の指定を選択するかどうかは、農地所有者と耕作権者が双方納得の上、決めるようになっています。農地所有者の立場からすると耕作権者が農業を続けるのなら、生産緑地の指定を選択することに何ら問題はありません。

4 農業生産法人に対する使用貸借

農地法の改正で、農地を農業生産法人に貸すことが可能になりました。この場合に、相続税の納税猶予の適用を受けることができるのかという疑問が出てきます。相続税の納税猶予制度はあくまでも農地所有者が農業経営をすることが絶対条件ですので、農業生産法人に貸している農地について納税猶予を受けることはできません。しかし、相続税の納税猶予適用中に、特例適用農地等を農業生産法人に現物出資し、その出資をしたものがその農業生産法人の常時従事者になった場合その他一定の場合には、農地等を譲渡、転用などをしたときの面積が20%を超えるかどうかの計算上、除外して計算してよく、その場合には、農業生産法人に使用貸借した面積に対応する相続税と経過期間分の利子税は納付しなければなりません。また、すでに農地等に係る贈与税の納税猶予の特例の適用を受けている者が、平成17年4月1日から平成20年3月31日までの間に特例適用農地等のすべてを一定の農業生産法人に使用貸借する等の一定の要件に該当する場合には、農地等に係る贈与税の納税猶予の特例を継続できる措置が講じられました。

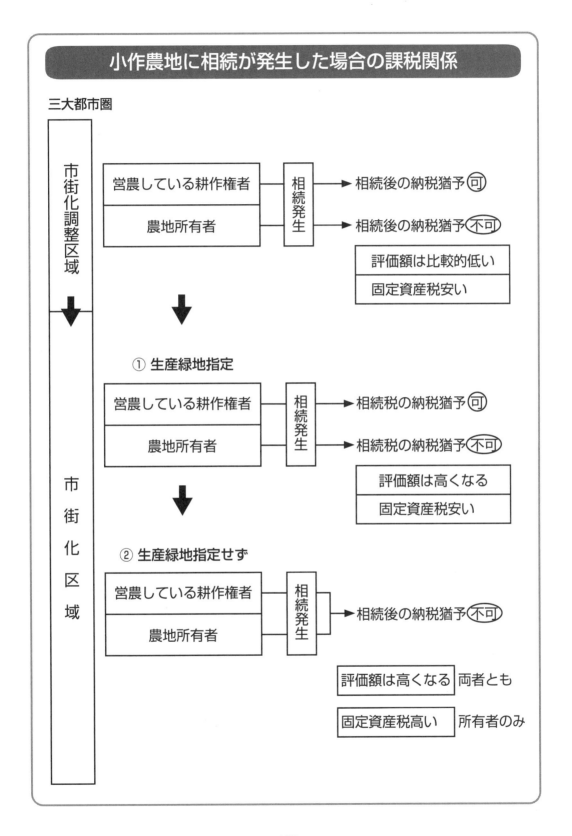

8-9 小作農地を解消しないと相続の時に大変なことに

　小作農地は、農地所有者（地主）に相続が発生したときには大きなデメリットが生じます。一方、農業後継者がいない耕作権者は権利が消滅しないかとの不安があります。これらは早く解消しておくことが大事です。

1 地主のデメリット

　小作農地の所有者に相続が発生しますと、その農地が市街化区域の一般農地の場合には路線価による通常の宅地として評価することになり、そこから宅地に造成するための費用などを控除され、評価は調整農地に比較すると非常に高くなっています。耕作権割合を控除してもらっても評価は高く、何よりこの農地は物納が非常に困難ですし、売却は耕作権者の同意がなければ事実上できません。

　その上に固定資産税は三大都市圏の特定市街化区域の農地については、生産緑地以外は非常に高くなっています。小作料はわずかしかない（争いになった事例では最高裁判所判決で確定済み）上に、高い固定資産税はほとんど地主が負担せざるをえないわけです。固定資産税を安くするために生産緑地の指定を受けた場合でも、土地所有者は相続税の納税猶予を受けることができませんので、相続税の評価が高い状態で相続税がかかってきます。

2 耕作権者のデメリット

　耕作権を所有して営農を続けている方にとっては、固定資産税よりも安い耕作料で営農を続けながら、相続の時には耕作権が評価されて相続税が課税されますが、生産緑地又は調整農地の場合には農地の納税猶予制度の適用を受けることができます。自らが営農を続けていくことができれば問題ありませんが、後継者がいないと納税猶予を受けることができませんし、何より耕作権そのものがどうなるのかという問題があります。かといって、こちらから耕作権解消の話を持ち込むと、交渉が不利になる可能性もあります。

3 解消方法は4つ

　耕作権を解消する現実的な方法は、次の4つでしょう。

① 　耕作権者に地主が離作料を払って農地を返還してもらう……この場合の問題点は、地主側に離作料の支払資金が必要ということです。一方、耕作権者側には譲渡所得税がかかります。

② 　土地を耕作権者に売却する……この場合には、耕作権者側に土地購入資金があるのかという点が問題です。もちろん地主側には譲渡所得税がかかります。

③ 　土地を第三者に売却して譲渡代金を分ける……両者に資金がなく、逆に何らかの理由で資金が必要な場合には土地を第三者に譲渡して、これを分割することも考えられます。この場合には両者に譲渡所得税がかかります。

④ 　耕作権と底地を交換する……資金も不要で、譲渡所得税もかからない方法として考えられ、実際に多いのが耕作権と底地の交換です。このことについては次の**第9章**で詳しくまとめます。

Ⅰ．地主・耕作権者共に困難な小作農地

1．地主のデメリット

相続税負担が大きい
相続税の納税猶予がない
固定資産税負担が大きい
収入（地代）はほとんどないに等しい
市街化区域の場合、地代より固定資産税の方が多く赤字
転用すれば大きな収入が見込めても実際には困難

2．耕作権者のデメリット

相続税の納税猶予はあるが後継者問題
転売・転用が自由にならない
自ら申し出ると不利になるのでは？と不安

Ⅱ．解消の方法は4つ

離作料を払って返還	地主側に資金があるか？ 耕作権者に譲渡所得税
土地を耕作権者に売却	耕作権者側に資金があるか？ 地主側に譲渡所得税
耕作権と土地を交換 （土地を分ける）	資金不要（登録免許税と不動産取得税） 両者に譲渡所得税がかからない
土地を第三者に売却 譲渡代金を分割	資金不要（仲介手数料のみ） 両者に譲渡所得税がかかる

8-10 調整区域の小作農地は市街化編入でも生産緑地の指定を受けない?

　三大都市圏で市街化調整区域が市街化区域に編入され、その調整区域に小作農地があると、その農地についても生産緑地の指定を受けるか受けないかの選択を迫られます。

1 小作農地について生産緑地指定を受けると

　三大都市圏で市街化区域に調整農地として小作農地を所有している農地所有者が「生産緑地」を選択することは、大変な難題を抱えることになります。というのは、小作農地というのは自分で農業を営んでいることにはならず、単に貸地となるため、相続税の納税猶予の適用を受けることができないのです。いざ相続が始まっても、三大都市圏の特定市街化区域の場合には相続税の納税猶予の適用を受けられないため、その相続税評価額は宅地並みの評価となります。

　ただ、小作に付されている農地については、原則として自用地としての価額から耕作権の価額を控除して評価することになります。耕作権の価額は、地域と農地の区分に応じて、35%～50%までの間で決められています。その上、農業従事者が死亡しない限り、農地所有者が亡くなって相続が発生したとしても、生産緑地の買取りを申し出ることはできません。高い相続税評価、換金化できない生産緑地ということで、地主としては、小作地について生産緑地の選択をするということは避けるべきでしょう。

2 問題は固定資産税

　一方、問題は高くなる固定資産税です。三大都市圏の特定市街化区域に編入された農地について生産緑地の指定を受けないと、固定資産税が大幅に上昇します。耕作権者と協議が整わなかったり、農地所有者の側の意向で生産緑地の指定を受けなかったりした場合には当然ながら固定資産税が上がりますが、そのことを理由にして耕作料（地代）を値上げすることは困難であると思われます（最高裁で判決済み）。

3 小作人側は生産緑地が有利

　小作人（耕作権者）側にしてみれば、相続時の耕作権に対する相続税課税の際に納税猶予制度の適用ができますので、生産緑地指定を受けておいた方が有利といえます。もっとも農業後継者がいないときには別の判断もあるでしょう。

4 有力な解決方法は耕作権と底地の交換

　結局、市街化調整農地が市街化区域に編入されたときに、農地所有者（地主）、耕作権者（小作人）双方にとって望ましいのは「耕作権」と「底地」を交換して双方が所有権で土地を所有することでしょう。農業後継者不足が進行している状況からしても、農地所有者、耕作権者双方にとって交換による小作の解消を行うことが望ましいといえます。三大都市圏に限らず、それ以外の地域についても市街化編入を契機として、小作状態の解消を交換で実現してはいかがでしょう。とにもかくにも、小作地については早めに、特に「調整区域」から「市街化区域」に編入される前に、権利の整理をしておくのがいいでしょう。

第8章◆調整農地の市街化編入──生産緑地指定か？宅地化選択か？

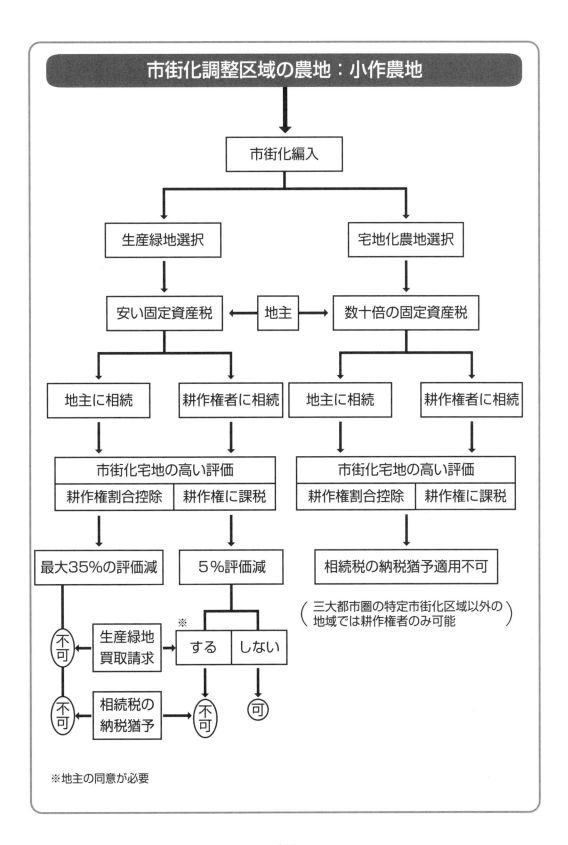

| 第9章 | 小作地解消の具体的手続 |

9-1 耕作権と底地を交換する

　農業台帳に登録されている小作農地には、耕作権が認められます。この耕作権と底地を交換すると、それぞれが農地を所有することになり、権利関係がすっきりします。

1 耕作権と底地の交換で所有関係がスッキリと
　耕作権と底地を交換することを図にすると、右ページのようになります。
【図(1)】
① 　現状は耕作権である賃借権又は永小作権を甲さんが所有し、底地を乙さんが所有しています。その割合については賃借したいきさつ、賃借期間、その間の管理運営状況、地域の実状などによって異なりますが、ここでは一応50％としておきます。（それぞれの地方で慣習によって決められています）
【図(2)】
② 　甲さんの耕作権と乙さんの底地を交換します。
【図(3)】
③ 　甲さんはもとの耕作権の部分と、交換で手に入れた底地部分が自分のものとなります。
④ 　乙さんはもとの底地部分と、交換で手に入れた耕作権部分が自分のものとなります。
　　つまり、それぞれが更地の土地を所有することになります。

2 耕作権者のメリット・デメリット
　この交換によって、耕作権者にとっては高齢化などで将来営農ができなくなったとき、自分の意向だけで自由に転用や売却（農地法上の許可や届出は当然必要）ができるようになります。農業後継者がいない場合には将来耕作権を放棄せざるをえなくなる場面も考えられ、この対応は非常に有効です。
　一方、従来は安い地代で耕作できていましたが、交換後は土地の固定資産税を負担しなければならなくなります。市街化調整区域に編入されると固定資産税も高くなりますので、その負担増はデメリットになります。

3 地主のメリット・デメリット
　農地所有者の側からは、次のようなメリットがあります。
① 　現状では相続税の納税猶予の適用ができませんが、交換してその後に営農していれば、納税猶予適用の条件を満たすことが可能になります。
② 　固定資産税の方が地代より高く持ち出し状態の解消ができます。
③ 　転用売却がいつでもできます（農地法上の許可や届出が必要）
　デメリットは土地の一部がなくなることですが、そのことは権利が相手にある以上は同じことといえます。しいていえば、耕作権者が営農を維持できなくなったときに有利な条件で解消できる可能性があることを放棄することになるということですが、これは相手が何らかの形で営農を続ける限りはどうしようもありませんので、思い切って交換することもよいのではないでしょうか。

第9章◆小作地解消の具体的手続

Ⅰ. 交 換

図(1) | 図(2) | 図(3)

| 甲さん |
| 乙さん |
土 地

⇒

土 地

⇒

| 甲さん | 乙さん |
土 地　　土 地

Ⅱ. 賃貸借合意解約書

賃貸借合意解約書

1．土地の所在、地番、地目及び面積

土 地 の 所 在	地　　番	地　　目		面 積 ㎡	備　考
		台帳	現況		

2．合意解約の合意が成立した日　　　　平成　　年　　月　　日

3．土地の引渡しの時期　　　　　　　　平成　　年　　月　　日

4．離作条件
　　① 離作補償
　　② 替地補償
　　③ その他

　上記の通り、我々は合意（賃貸借契約書がないため）により賃貸借の解約をしましたので下記の通り署名し捺印します。

　　平成　　年　　月　　日

　　　　　　住　　所
　賃貸人
　　　　　　氏　　名　　　　　　　　　　　　　印

　　　　　　住　　所
　賃借人
　　　　　　氏　　名　　　　　　　　　　　　　印

159

9-2 耕作権解消の手順と留意点

　耕作権の解消には通常、農地法上の手続や交換割合の決定、実際にどのように分割するか、などの決定と手続に相当な時間がかかります。また、税金がかからない場合でも申告が必要など様々な留意点があります。

■1 交換までの手続

(1)　**交換割合の決定**……これが一番難しくて、しかも肝心なところです。定まった割合はなく、あくまで今までの賃貸のいきさつ、その間の賃料、今回の両者の力関係等によるケースバイケースです。賃借権割合が20％〜60％程度まで相当幅があります。

(2)　**交換契約書の作成**……交換割合が決まると、交換契約書を作成します。

(3)　**隣地確認・水利等近隣との権利調整**……契約と同時に隣地確認・実測・地積更正・水利権等の権利調整にかかりますが、これに時間と費用がかかります。

　　交換の場合、売却ではありませんから、お金が入ってきません。どうしても費用の点で問題が出やすいので、これも事前に話し合っておくことが重要です。

(4)　**賃貸借合意解約書**……前ページの見本を参考にしてください。

(5)　**農地法第18条第6項の通知書**……農地法上、賃借権の解除は両者の合意による解除である旨の書類を農業委員会に提出しなければなりません。

(6)　**農地法第3条申請**……交換の場合も農地法上の第3条申請が必要となります。また、一方が宅地転用する場合が第5条申請になります。

(7)　**登記**

(8)　**交換の譲渡所得税の申告**……譲渡所得税の交換の特例の適用を受けることができると、所得税がかからないようにすることも可能です。この適用には156ページのような様々な条件があります。これは済んでからではどうしようもありませんので、留意したいものです。

■2 留意点

　耕作権と農地の交換をする際には、次のような留意点があります。

①　**権利関係の調整**……当事者間の直接交渉で権利割合の話し合いがつけばそれでいいのですが、なかなかうまくいかないことも多く、その場合には農協関係者や不動産業者の方に仲介してもらうことが必要でしょう。

②　交換後は、必ず交換直前の用途と同じ用途に利用する必要があります。

③　交換する前に造成すると、一部について交換が認められなくなります。造成等の区画形質の変更は、原則として交換後にする必要があります。

④　所得税の交換の規定の適用は、申告することによって初めて認められます。必ず申告してください。

⑤　分筆費用、測量費用、登記費用、登録免許税や不動産取得税など、諸費用が相当かかりますので、農地所有者、耕作権者双方が準備しておく必要があります。

耕作権解消の流れと留意点

(1) 交換の流れ

① 交換割合の決定 ⇒ ② 交換契約書の作成 ⇒ ③ との権利調整 隣地確認・水利等近隣 ⇒ ④ 賃貸借合意解約書 ⇒ ⑤ 農地法第18条6項の通知書 ⇒ ⑥ 農地法第3条申請 ⇒ ⑦ 登記 ⇒ ⑧ 交換譲渡所得税の申告

(2) 耕作権者のメリット・デメリット

メリット	デメリット
・将来営農不能となった際、自由に転用・売却可（農地法上の手続は必要）	・固定資産税負担が増加 ・登録免許税負担 ・不動産取得税負担 ・分筆費用負担 ・測量費用負担

(3) 地主のメリット・デメリット

メリット	デメリット
・自ら営農すれば相続税の納税猶予適用可 ・収入より支出の多い状況の解消 ・転売・転用が自由に（農地法上の手続は必要）	・分筆費用負担 ・測量費用負担

9-3 交換で税金がかからないようにするためには申告が必要

　耕作権と底地を交換すると、金銭の授受がない限り所得税・住民税は課税されません。ただし、この規定の適用を受けるには様々な条件を満たしておく必要があり、かつ、申告が必要ですので注意してください。

1 所得税法第58条の交換の特例

　耕作権と底地を交換して所得税・住民税が課税されないようにするには、次のような条件を満たしていなければなりません。

【5つの条件】

⑴　交換により譲渡する資産と取得する資産が同じ種類でなければなりません。

⑵　交換により譲渡する資産は、1年以上所有していなければなりません。

⑶　交換により取得する資産は、交換の相手方がその交換のために取得したものではなく、かつ、1年以上所有していたものでなければなりません。

⑷　交換により取得した資産を譲渡した資産の直前の用途と同じ用途に供する必要があります。前の所有者の用途に関係なく、交換で取得した者が従来と同じ用途に使用すればよいことになっています。

⑸　交換時にお金のやりとりがあった場合、その金額が交換した資産の価額の多い方の2割以内でなければ認められません。

　　【右ページ例】

　　　・A土地の人→5,000万円に対する譲渡所得税 ＞ それぞれかかる
　　　・B土地の人→3,500万円に対する譲渡所得税

⑹　交換が認められると、交換差金（土地以外にお金のやりとり）がなければ、確定申告さえすれば譲渡所得税はかかりません。

2 交換した後は注意

　よく質問を受けるのが、交換した後にすぐに転用、譲渡しても、所得税の交換の規定の適用を受けることができるのかどうかです。交換による取得資産は交換直前に利用していた用途に利用しなければなりません。しかし、いつまで引き続いてその用途に利用しなければならないという規定はありません。耕作権者は現に農地として利用しているのですから、少なくなった耕作面積で引き続いて営農すればいいのですが、土地所有者はいったん耕作しなければならないことになります。もっとも、耕作していた人に一定の期間交換後も耕作をお願いすれば、これも解決します。

3 交換の相手方がその土地を譲渡したとき

　交換の規定は自分自身が交換前と交換後に、同一の用途に利用していればよいことになっていますから、交換の相手方がその直後に譲渡しても交換特例の規定の適用を受けることができます。一方、譲渡した人は譲渡の時点で譲渡所得の申告が必要ですから、交換の特例を利用することは通常ありません。

交換特例の適用条件

（1）前後の種類が同じであること

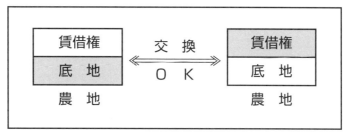

例えば、　○土地 ←→ 土地
　　　　　○土地 ←→ 借地権・耕作権
　　　　　○建物 ←→ 建物
　　　　　×土地 ←→ 建物

（2）交換前後の用途が同じであること

　　　　　　　　　　【従来】　　　　　　　　　　【交換後】
賃借権者……農業の用に供していた　　→農業の用に供する
底地所有者……農業用の土地として貸していた　→農業の用に供する

〈例〉　宅地→宅地　　（建物の場合）居住用→居住用
　　　　田畑→田畑　　事務所→事務所
　　　　山林→山林　　工　場→工　場

（3）交換差金は価額の高い方の20%以内であること

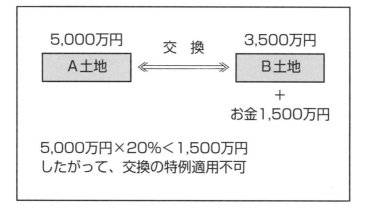

農地法第３条の規定による許可申請書

※様式は政省令施行により改正される場合があります。

処分庁記載欄

委員会受付印

府受付印

農地法第３条の規定による許可申請書

　下記農地（採草放牧地）の　　　を　　　したいので、農地法第３条第１項および同法施行規則第２条の規定により許可を申請します。

　　　　　平成　　年　　月　　日

　　　　　　　　　　　　　　申請者

　　　　　　　　　　　　　　　　譲受人　　　　　　　　印

　　　　　　　　　　　　　　　　譲渡人　　　　　　　　印

　　　　　　　　　　　　　　　　　（ほか　　名下記のとおり）

　　　　　　知　事　殿
　　　農業委員会長殿

　　　　　　　　　　　　　　記

１．申請当事者の氏名（名称）、住所、職業および年齢

当事者の別	氏　名（名称）	印	年齢	職　業	現　　住　　所	備　考

2．許可を受けようとする土地の所在、地番、地目、面積、利用状況、
　普通収穫高および耕作者の氏名または名称

合計　　　筆　　　㎡	田　　　　㎡			採草放牧地　　　　　　㎡				
	畑　　　　㎡							
土地の所在	地番	地　目		面　積	10アール当り普通収穫高	利用状況	所有者氏　名	耕作者氏　名	備考
		登記	現況					
				㎡					

3．権利を設定し、または移転しようとする事由の詳細（譲受人、譲渡
　人とも）

4．権利を設定し、または移転しようとする契約の内容
　⑴　移転（設定）の時期　　　　　　　　平成　　年　　月　　日
　⑵　賃貸借等の設定の場合の契約期間　　平成　　年　　月　　日まで
　⑶　対価、賃借料等の給付の種類、額

総　　　　額	所　有　権	離　作　料	賃　借　権	備　　　考
円	円	円	円	
［10アール当り　　円］	［10アール当り　　円］	［10アール当り　　円］	［10アール当り　　円］	

5．権利を設定、移転しようとする当事者およびその世帯員が現に所有し、
　または使用収益権を有する農地および採草放牧地の面積ならびにこれら
　の者が権原に基づき現に耕作または養畜の事業に供している農地および
　採草放牧地の面積

（単位：平方メートル）

	譲　受　人						譲　渡　人			
	所　有　地			借　入　地		経営地	自作地①	小作地②	貸付地③	経営地①＋②
	自作地①	貸付地②	その他③	現に耕作中の土地④	その他⑤	①＋④				
田										
畑										
計										
採草放牧地										
山林その他										

6．権利を取得しようとする者またはその世帯員（構成員）がその耕作ま
　たは養畜の事業に従事している状況およびその労働力以外の労働力に依
　存している状況（法人にあってはその法人のその耕作または養畜の事業
　に係る労働力の状況）

	氏　名	年齢	性別	権利取得者との続柄	職業	農作業従事日数	備　考
世帯員（構成員）							
常雇							
季節雇・臨時雇	年間延日数　　　男　　　日、女　　　日						

166

第9章◆小作地解消の具体的手続

7．権利を取得しようとする者およびその世帯員の農機具および家畜の保有状況										
	農　機　具							家　畜		
種　　類										
数　　量										

8．その他参考となるべき事項

　許可書は、申請当事者全員の合意により、申請人（　　　　　）が受領します。

　　　　　　　　　　　　　　　電話連絡先（　　　　　　　）

◉記載注意
1．記1については、法人の場合は名称、代表者の氏名、主たる業務の内容および主たる事務所の所在地を記載のこと。
2．記1および記2の記載事項については、訂正しないこと。また、空欄には「以下余白」と記載すること。
3．記2については、土地登記簿上の所有名義人と現在の所有者が異なるときには、備考欄に土地登記簿上の所有者を記入する。また、申請地が農地法第3条第2項第6号に規定する土地であるときは、その旨および売渡期日を備考欄に記入する。
4．記4については、権利を移転しまたは設定しようとする時期、対価、賃借料等の給付の種類および額、契約期間等を明示すること。
5．記5については、「その他」欄に記載されるものがある場合には、その理由を欄外余白に附記すること。
6．記6については、その農業経営に必要な農作業がある限りその農作業に常時従事しているかどうかを備考欄に記載する。
7．記7の「農機具の保有状況」については、現に使用しているものについて記入し、その性能等できる限り詳細に記入する。
8．区分地上権等が設定される場合は、記5から記7までの記載を要しないが、当該事業または施設の設置によって生ずる当該土地および周辺土地、作物、家畜等の被害の防除施設の概要と関係権利者との調整の状況を、記8に記載すること。

農地法第18条第6項の規定による通知書

※様式は政省令施行により改正される場合があります。

農地法第18条第6項の規定による通知書

　下記土地について賃貸借の合意解約をしたので農地法第18条第6項および同法施行規則第68条の規定により通知します。

　　　　　　　平成　　年　　月　　日

　　　　　　　　通知者（賃貸人）氏名

　　　　　　　　通知者（賃借人）氏名

　　　　　　　　農業委員会会長殿

　　　　　　　　　　　記

1．賃貸借の当事者の氏名（名称）および住所

当事者の別	氏　名（名称）	現　住　所
賃　貸　人		
賃　借　人		

2．土地の所在、地番、地目および面積

土　地　の　所　在	地　番	地　目		面　積	備　　考
		台帳	現況		

3．賃貸借契約の内容

4．農地法第18条第１項ただし書に該当する事由の詳細

5．賃貸借の合意解約をした日
　⑴　合意解約の合意が成立した日　　　平成　　　年　　　月　　　日
　⑵　合意による解約をした日　　　　　平成　　　年　　　月　　　日
6．土地の引渡しの時期　　　　　　　　平成　　　年　　　月　　　日
7．その他参考となるべき事項

㊟　記３については、「別紙賃貸借契約書写しのとおり」と記載し、賃貸借契約書の写し
　を添付すること。
　　ただし、賃貸借契約書がない場合には、賃貸借契約の時期、契約の期間、土地改良費、
　修繕費、その他の負担区分等の契約の内容につき詳細に記入すること。

第10章　土地有効活用による税務上のメリット

10-1 住宅用地にかかる固定資産税は宅地の6分の1

　土地所有者の方々にとって頭の痛い問題の一つである固定資産税は、土地を所有している限り毎年納付しなければなりません。この固定資産税を安くし、納税資金を確保するかを考える上で大事なのが住宅用地の軽減措置です。

① 住宅用地は固定資産税が大幅に軽減される

　一戸建住宅であれ分譲マンションであれ、あるいは賃貸集合住宅であれ、その建物が住宅であれば、その敷地にかかる固定資産税・都市計画税は右ページのように、一戸につき200㎡までについてはそれぞれ固定資産税が6分の1、都市計画税が3分の1に軽減される特例があります。また、敷地がその建物の延べ床面積の10倍に達するまでは、固定資産税が3分の1、都市計画税が3分の2にそれぞれ軽減されます。

② 賃貸集合住宅の専用駐車場用地もその対象

　賃貸集合住宅を建築した場合についても、その敷地は一戸につき200㎡まで上記の適用があり、200㎡×戸数の面積が限度となりますので、**通常は敷地がすべてその対象**になります。従来雑種地としてまったく利用していなかった場合には、固定資産税・都市計画税の合計が約5分に1程度に減少します。また、賃貸住宅専用駐車場についても一体として利用していれば住宅用地となり、ほとんどの場合において駐車場部分も含めて軽減の対象になります。

③ 賃貸集合住宅専用駐車場は一体利用が条件

　賃貸集合住宅の専用駐車場が住宅用地としての軽減の対象となるには、敷地が一体として利用されていることが前提条件です。「一体利用」というのは何も一筆である必要はありませんが、この適用を受けることができるかどうかは非常に大事です。

④ 定期借地権住宅用地としての貸地も対象

　郊外型の土地活用として最近注目されている定期借地権による貸地についても、その借地権者が建てる建物が住宅用で実際に人が居住するのであれば、当然この居住用の軽減特例の対象となります。

　農地だった土地を宅地転用し、一区画60坪（200㎡）程度の定期借地権での賃貸貸地とすれば、その賃貸用地はすべて軽減されることになります。定期借地権で賃貸するために区画割りする過程でできた通路についても、通り抜け道路については固定資産税が課税されないようになりますし、（杭などで所有権を主張すると一部課税されます）結果的に相続税の評価額も大幅に減少することになります。（これについては後ほど詳しく述べます）

固定資産税

(1) 住宅用地の軽減特例

●住宅用地の課税標準

	1戸につき200㎡まで	超える部分（床面積×10）
固定資産税	$\frac{1}{6}$	$\frac{1}{3}$
都市計画税	$\frac{1}{3}$	$\frac{2}{3}$

(2) 集合住宅の敷地は戸数×200㎡が限度

住宅用地の軽減
200㎡×10戸＝2,000㎡

(3) 定期借地権用地も住宅用地

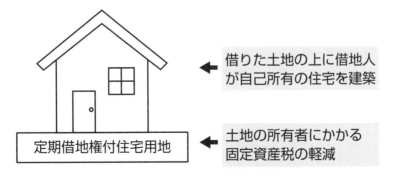

定期借地権付住宅用地

← 借りた土地の上に借地人が自己所有の住宅を建築

← 土地の所有者にかかる固定資産税の軽減

10-2 賃貸集合住宅の駐車場が住宅用地になる? ならない?

　集合住宅には、通常賃貸している居住者用の専用駐車場があります。この部分にかかる固定資産税についても、入居者専用であれば原則として住宅用地の軽減措置の適用を受けることができます。しかし、様々な留意点がありますので注意しましょう。

１ 集合住宅専用駐車場も住宅用地の軽減の対象

　通常の住宅に敷設している駐車場は当然住宅用地です。それと同様に集合住宅の入居者専用駐車場も住宅用ですから、住宅用地の軽減措置が適用されます。入居者専用住宅であることが条件ですから、全10室の集合住宅に30台分もの駐車場を付設しているような場合には、その駐車場全体が専用駐車場とはいえませんので、駐車場全体が住宅用地の軽減措置の適用を受けることができなくなります（右ページ**A**）。このような場合には、右ページ**B**のように30台の駐車場のうち集合住宅に面しているところから10台分を柵で区切って「入居者専用」として利用すると、原則としてその駐車場部分は専用駐車場として住宅の軽減措置の適用を受けることができます。

２ 条件は「一体利用」

　専用駐車場として住宅用地として認められるには、一体的に利用されていなければなりません。その上に、敷地が離れていると認められないこととされています。実際上、よく問題になるのがこの点です。もちろん、入居者の何人かが車を持っていないため専用駐車場に空きができてしまったときに、入居者以外の人にこの部分を賃貸したような場合は専用駐車場ではなくなりますから、入居者に貸している部分も含めて住宅用地の軽減措置の適用を受けることができなくなります。

３ 一体利用になる場合・ならない場合

　右ページ**C**のように、集合住宅を建てる建築確認申請の際に役所から駐車場の付設義務をいわれたものの、敷地が狭いので、集合住宅の敷地と道路を挟んだ反対側に専用駐車場を設けるようなケースもあります。この場合には直接敷地を接していませんので、一体利用とはならず、住宅用地の軽減措置を受けることができません。建築確認申請における付設義務と固定資産税の軽減措置とは別の考え方というわけです。

　Dのように、集合住宅と専用駐車場の間に水路が通っているような場合は、その水路の所有者が水利組合であったり、国や地方公共団体であったりする場合が多いようです。そうすると土地所有者のものではありませんので、自分の土地でつながっていないことになります。したがってこの場合も、軽減措置の適用を受けることができません。

　Eのように、敷地の一部が互いに接していればその接している部分があまりに短いと認められないこともありえますが、少なくとも人が他人の土地を通らないで通行できるのであれば認められるでしょう。

駐車場が住宅用地になる？ならない？

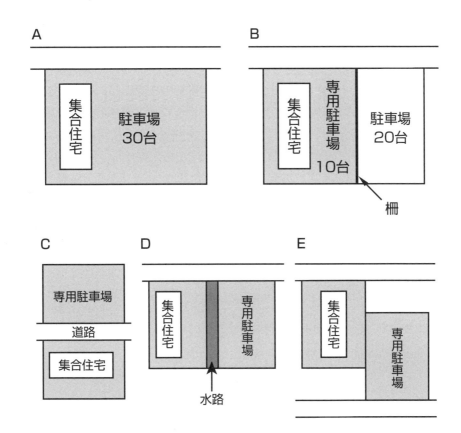

◎留意点

① アパートの建っている敷地と専用駐車場が接していること。
② 2つの敷地が公衆用道路を挟んで隔てられているような場合には対象外となる。
③ 敷地と専用駐車場との間にフェンスがあっても一体利用ならばよい。
④ アパートの建っている敷地と専用駐車場の敷地の所有者が違う場合でも適用される。
⑤ あくまで専用駐車場でなければならず、入居者以外の人に1人でも貸していれば駐車場全体が対象から外れる。
⑥ アパートの建っている敷地と専用駐車場の敷地の間に用水路があって、これで分断されているような場合も対象外となる。

10-3 新築貸家建物にかかる固定資産税についても 一定の条件で軽減特例がある

　有効活用で賃貸集合住宅を建てると、その建物に課税される固定資産税が一定の期間減免される制度があります。

1 新築住宅の税額の減額

　右ページに掲げる要件に該当する新築住宅については、その家屋（区分所有家屋については専用部分をいう）の固定資産税のうち、居住部分（共同住宅等の場合は基準住居部分に限る）に対応する税額（居住用部分又は基準住居部分の床面積が120㎡を超える場合は、120㎡までの部分に対応する税額）の2分の1に相当する金額が、新たに固定資産税が課される年度から3年間分（中高層耐火建築物〔主要構造部を耐火構造とした建築物又は建築基準法に規定する準耐火建築物で、地上階数3以上のものをいう〕であるものは5年間分）にわたって減額されます。なお、この特例は平成32年3月31日までに新築されたものまで適用され、対象となる住宅には、いわゆるセカンドハウスが含まれます。

【算式】

$$\left\{ \begin{array}{l} \text{その家屋の} \\ \text{固定資産税額} \end{array} \times \dfrac{\begin{array}{c}\text{居住用部分又は基準住居部分}\\ \text{の床面積（120㎡を限度※）}\end{array}}{\text{その家屋の総床面積}} \right\} \times \dfrac{1}{2} = \boxed{\text{減額される税額}}$$

※基準住宅部分が2以上ある場合は、それぞれについて120㎡までが限度。

■認定長期優良住宅等に係る固定資産税の減額措置

$$\boxed{\text{建物の固定資産税}} \times \dfrac{\text{居住用部分の床面積（1戸当たり120㎡を限度）}}{\text{その建物の総床面積}} \times \dfrac{1}{2} = \boxed{\text{軽減}}$$

		長期優良住宅※	一般新築住宅
軽減期間	地上階数3以上の耐火・準耐火建築物（中高層耐火建築物）	7年	5年
	上記以外	5年	3年

※長期優良住宅について認定を受けて建てられたことを証する書類を添付して市町村に申告

第10章◆土地有効活用による税務上のメリット

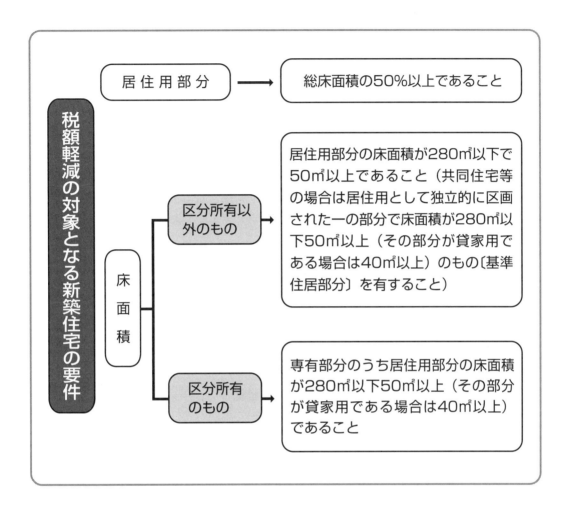

10-4 土地一部売却資金で生産緑地解除地の有効活用（事業用資産の買換え活用）

　高齢のため営農できなくなり、後継者もなく、故障等による生産緑地の解除を申請して認められたようなときに、その土地の一部又は他の土地を譲渡して、生産緑地解除地で特定の事業用資産の買換え特例を活用した有効活用もあります。

1 営農継続ができずに生産緑地解除した土地は大変

　高齢や病気、大ケガなどで自分自身が営農することができなくなり、後継者もいないため、生産緑地の営農を続けることができなくなった場合に、故障等による生産緑地の解除申請をして認められることがあります。生産緑地を解除されると翌年から固定資産税が大幅に増額されますので、売却ないしは有効活用を考えざるをえません。

2 有効活用に適している土地に投資

　大幅に増える固定資産税の引下げと有効活用による安定収入確保のために、有効活用に向いた土地を駐車場や商業施設用地として賃貸することなどが考えられます。場合によっては賃貸住宅を建てて、相続税額引下げ対策とともに収入確保をしたいということもあるでしょう。賃貸住宅経営の場合には入居率や家賃相場の動向を考えると、できれば自己資金を必要資金の半分ぐらいは用意したいものです。

3 土地を一部売却して、その資金で賃貸住宅経営

　全額自己資金で賃貸住宅を建てて、有効活用と税対策ができればいうことはありませんが、なかなかそうはいきません。とはいっても、全額借入金で建設資金を賄うこともおすすめできません。そこで、生産緑地を解除した土地の一部を譲渡して、その資金で有効活用に向いた土地に賃貸住宅を建てることです。「土地を譲渡すると譲渡所得税がかかるではないか？」という声が聞こえてきそうですが、先にも触れました「特定の事業用資産の買換え特例」の活用があります。農地を譲渡して賃貸住宅を建てても適用することができます。

4 特定の事業用資産の買換え特例で税金は5分の1

　右ページの計算事例は、もともと生産緑地だった農地を解除された後売却し、別の有効活用に向いた土地の上にその売却資金で賃貸住宅を建て、「特定の事業用資産の買換え特例」の適用を受けた場合の税金の計算です。特例を受けないで計算した所得税・住民税の合計は1,800万円になりますが、この特例を受けると所得税・住民税合計でなんと360万円になり、本来払わなければならない額の5分の1で済むことになります。この特例は7号買換えといい、平成32年3月31日までに所有期間が10年超の事業用の土地や建物を譲渡して、事業用の土地や建物に買い換えることで適用を受けることができます。

特定の事業用資産の買換え特例

1. 土地の一部売却の場合

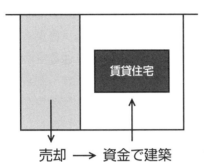

① もともと全体が生産緑地
② 生産緑地の解除
③ 土地を分筆し一部売却
④ 残った土地の上に売却資金で賃貸住宅運営
⑤ 売却・運営代金とも1億円なら下の計算事例と同じ

2. 計算事例

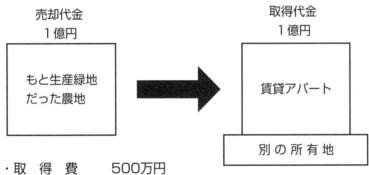

・取 得 費　　500万円
・譲渡費用他　500万円
・所有期間　　10年超！

① 収入金額
　　　1億円－1億円×80％＝2,000万円
② 取得費・譲渡費用

$$(500万円＋500万円) \times \frac{2,000万円}{1億円} ＝200万円$$

③ 譲渡所得税
　　　（①－②）×20％＝<u>360万円</u>

なんと5分の1！

通常

【1億円－（500万円＋500万円）】×20％＝<u>1,800万円</u>

10-5 事業用資産になる場合、ならない場合

　「特定の事業用資産の買換え特例」は、譲渡した資産も取得した資産も共に事業用資産でなければなりません。特に譲渡する農地については事業用でなければなりませんので、注意する必要があります。

１ 家庭菜園は事業用資産にならない

　農地を譲渡し、賃貸住宅を取得して「特定の事業用資産の買換え特例」の適用を受けるには、農地が事業用であるかどうかがまず問題になります。いわゆる家庭菜園のように、農協やスーパーなどに出荷せず自分たちが食べる野菜を作っているような場合には、その農地は事業用とは認められません。しかし、田でお米を作っている場合には、自分たちが食べるだけ作っているといってもその耕作面積がそれなりに広いこともあり、通常は事業用として認められることが多いようです。

２ 事業廃止後の譲渡は適用対象外

　「特定の事業用資産の買換え特例」は、事業の用に供している資産を譲渡した場合に適用されます。したがって、事業を廃止した後、農地の場合には農業をやめてから土地を売っても適用対象となりません。例えば、酒屋さんやお風呂屋さんの場合を考えるとわかりやすいのですが、これらの商売を廃業した後に、その商売に利用していた土地や建物を譲渡しても、適用されないわけです。もっとも、現に営業していなくとも事業をやめた後、速やかに譲渡したような場合には適用されます。田でお米を作っている場合には、秋に刈りとりをした後、翌年までは通常そのまま置いておきます。翌年に再度耕作する予定であれば当然廃業していないわけで、その状態で土地を譲渡することもありえます。そのときには「特定の事業用資産の買換え特例」の適用対象になります。このあたりのところは十分注意をしてください。なお、生産緑地の解除をしたからといって、農業を廃業したことにはなりません。農業を行っているかどうかが重要なのです。

３ 農地以外で事業用資産の買換え適用対象にならない場合

　次のような場合には譲渡する資産が事業用とならないため、「特定の事業用資産の買換え特例」の適用を受けることができません。

① 土地を一時的に賃貸している場合
② 受け取っている地代より払っている固定資産税の方が多い場合
　（ただしこの場合には、事情によっては認められることもあります）
③ 土地所有者がその人が経営するあるいはその親族などが経営する同族会社に土地や建物を賃貸しているが、その支払の事実が明確でない場合
④ 事業を廃止して相当な期間を経過した後に資産を売却した場合
⑤ 例えば医師であった方が亡くなり、その医院を廃業して譲渡したような場合
⑥ 過去に賃貸していたが、その申告をしていなかった場合
　（遡って過去の申告をすれば認められることもあります）

事業用資産になる？ならない？

（1）家庭菜園

家庭菜園

| 家族が食べるだけの野菜などの栽培 |

事業用農地

| 農協に継続的に出荷している |

| 水　田 |

（2）他人に耕作させていた農地

| 長期にわたり農業台帳に耕作人として登録して貸している農地・昔から定められた耕作料をもらっている |

| 10年前まで自ら耕作していたが、体力的な問題で、知人に無償で耕作してもらっている |

（3）一般的に事業用資産買換え対象にならない場合

一時的な賃貸	×
収入－固定資産税＝マイナス	×
同族会社、関係者間＝賃料授受の客観的証明がない	×
過去の不動産所得、収入計上なし	×
家庭菜園	×
事業廃止後の譲渡	×

10-6 農地を売却して水田を畑にすることや 農業用倉庫を建てても買換え適用

農地を譲渡して、その資金でハウス栽培用の施設建設、農業用倉庫、賃貸住宅建設、ロードサイド用に土地を賃貸するための基盤整備費用に充てても「特定の事業用資産の買換え特例」の適用対象になります。

■1 ハウス栽培用の施設や農用倉庫、賃貸住宅建設のための費用も可能

農業に利用していた農地を譲渡して、その資金でハウス栽培用の施設を建てたり、農用倉庫を建てたりしても「特定の事業用資産の買換え特例」を適用することができます。

■2 買い換える土地等は300㎡以上かつ特定施設の敷地に限定

長期保有の土地等、建物又は構築物である事業用資産を譲渡し、国内にある土地等、建物、構築物又は機械装置である事業用資産に買い換えた場合に7号買換えの適用があります。買換え対象となる土地等の範囲は300㎡以上で、かつ、次の特定施設の敷地の用に供されるものに限定されます。

> 特定施設…事務所、工場、作業所、研究所、営業所、店舗、倉庫、住宅その他これらに類する施設（福利厚生施設に該当するものを除く）。これらにかかる事業の遂行上必要な駐車場の用に供されるものを含む。

第10章 ◆ 土地有効活用による税務上のメリット

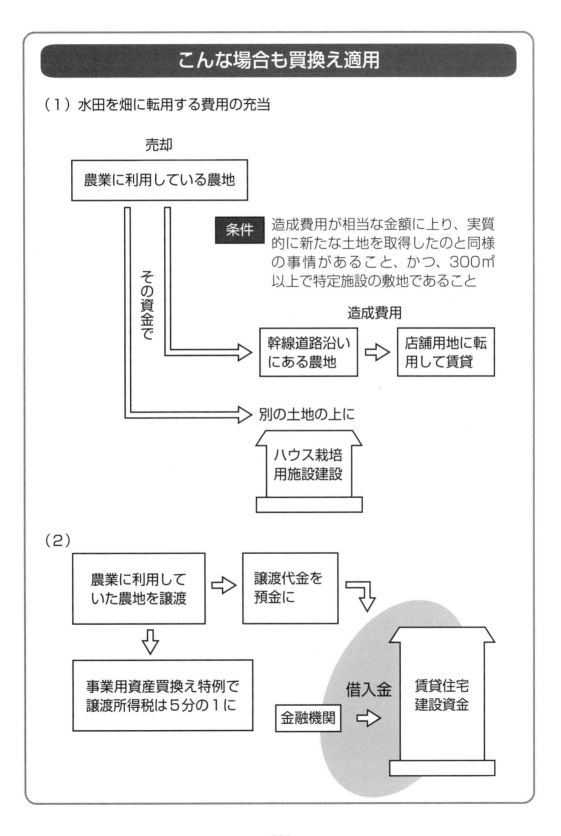

10-7 買換え資産は前年中に先に買っても翌年でもよい

　農業に利用している農地を譲渡したときの「特定の事業用資産の買換え特例」の適用は、農地を譲渡した年の前年に先に買換資産を取得した場合でも、譲渡した年の翌年に取得しても適用を受けることができます。

1 譲渡の前年に資産を取得していても適用できる

　農業に利用している農地を譲渡して、その譲渡所得の税額計算の際に「特定の事業用資産の買換え特例」の適用を受ける場合に、買換資産として取得する土地や建物機械などは、農地を譲渡した年に取得することが原則となっています。しかし、事業遂行上や賃貸先の都合などで、農地の譲渡契約をする前の年に先に土地や建物、機械などを購入することもあります。そこで、譲渡した前年中に先行して買換え資産を取得していても、この特例の適用を受けることができることとされています。この場合には「**先行取得資産に係る買換えの特例の適用に関する届出書**」を取得した年の翌年３月15日までに税務署へ提出する必要があります。

2 譲渡の翌年に資産を取得しても認められる

　譲渡した年中に買換え資産を取得することができなかったり、間に合わなかったりすることもあります。このような場合には、譲渡の年の譲渡所得の確定申告をする際に、譲渡年の翌年中に買換え資産の取得をする旨を届け出ると、この適用を受けることができます。

3 取得の日から1年以内に事業に供用する

　買換え資産はあくまで事業用の資産ですから、取得資産を事業に供用する必要があり、その供用は取得の日から１年以内にしなければならないこととされています。賃貸住宅を建てたような場合には通常完成前から入居者募集をし、完成後すぐに賃貸が始まりますので問題になることはほとんどありませんが、農業用の倉庫や施設、機械などを購入したときには注意が必要です。

4 区画整理地を譲渡した場合には特に注意

　農業を行っている農地が区画整理の対象地になって、その農地を譲渡したときに「特定の事業用資産の買換え特例」の適用を受けようとするときには、特に注意が必要です。区画整理計画地の土地は計画が確定すると、ある時期から使用収益をすることができなくなります。ということは、事業に利用できないことになるわけです。「特定の事業用資産の買換え特例」の適用は譲渡する資産を事業に利用していることが条件ですから、その点が問題になります。そこで、所有している土地が仮換地指定を受けた日から遡って１年以内の間に事業に利用することをやめている場合には、この資産を事業の用に供しているものとして特例の適用ができることとされています。その前に事業供用を停止していると、買換え特例の適用ができません。また、仮換地指定があって、使用収益開始又は指定の効力発生日から１年以内に譲渡契約を締結しないといけませんので、くれぐれも注意しましょう。

182

第10章◆土地有効活用による税務上のメリット

買換え期限等

① 取得期間

```
1/1      1/1        12/31        12/31        12/31        12/31
←――――――|―――――――――|――――――――――|――――――――――|――――――――――→
    前年中  | 譲渡した年 |   翌年中
```

| 譲渡した年 |
| 翌年中 |

3/15までに申請
⇓
承認が必要

工場移転等のやむをえない事情がある場合
⇓
申請のうえ最長3年のうち税務署長が認定した日

② 事業供用期限

取得の日から1年以内に事業供用

③ 土地等の面積制限

| 譲渡資産の面積 | ×5 ≧ | 買換資産の面積 |

農地について特定の場合は10倍又は30倍（措通37-11の2）

→ 仮換地の面積（従前地ではない）

仮換地指定と事業供用時期及び譲渡時期

```
事業供用停止日      仮換地指定  同一日の場合あり  指定効力発生日又は使用収益開始できる日          譲渡
     |―――――――――|―――――――――|――――――――――――――|――――――――――|
  ×   1年以内  ○                            ○  1年以内  ×
```

（措通37-21の2）

10-8 相続税額引下げ効果と収入確保効果

　農地を農地のまま所有して相続を迎えた場合と、「特定の事業用資産の買換え特例」を利用して収益物件に買い換えてから相続を迎えた場合では、相続税評価額が大きく変わります。相続税対策としても高い効果があります。

1 相続税額引下げ対策にもなる農地の事業用資産の買換え特例適用

　右ページの**ケース①**は相続税評価額で１億６,000万円の農地と１億４,000万円の農地を所有している方が、１億６,000万円の農地を２億円で売却して別の土地に賃貸住宅を建築したケースを比較したものです。対策前は合計の相続財産の評価額は３億円でした。対策後は建物の評価額が右の算式のように6,720万円になり、別の土地の評価額が１億1,900万円になりますので、合計すると、なんと１億8,620万円になります。差し引き１億1,380万円も評価額が下がるわけです。適用される相続税の累進税率の一番高い税率の平均が25%とすると、相続税額は2,845万円減少することになります。

2 都心の高収益賃貸物件に買い換えた場合

　ケース②は同じく相続税評価額１億６,000万円の青空駐車場で、満車ではないため年間駐車場代が500万円、この土地にかかる固定資産税が200万円、差し引き税引前の手取りが1.5%の土地を２億円で売却して、都心の投資用ワンルームマンションを２億円で購入した例です。もちろんこの場合には、譲渡所得の税金分は持ち出しになります。相続財産の評価額は１億６,000万円から建物と土地の評価額の合計で１億760万円となり、5,240万円も評価額が下がることになります。

3 借家権割合と借地権割合で地域によって異なる

　右ページの事例では、建物の固定資産税評価額を建築価格の60%としています。実際にはこれより低い場合が多いのですが、場合によっては高いこともあります。また、借家権割合は全国ほとんどの地域で30%とされています。また、土地の所在地によって借地権割合も30%から90%まであり、地域によっては借地権の取引慣行のないところもありますのでご留意ください。

4 利回りが大きく変わる

　低金利時代となり、資金をいかにして利回りよく投資するかが重要になりました。ケース②では郊外の青空駐車場の賃料が安い上に満車になっていないため、土地の時価に対して1.5%にしか回っていなかったものが、都心の収益物件に買い換えることによって、なんと同じ２億円に対して利回りが4.9%にもなります。もちろん「特定の事業用資産の買換え特例」の適用を受けても課税所得の20%に対して譲渡所得税がかかりますし、収益物件取得に際しては土地と建物の登録免許税や不動産取得税がかかりますので、その資金が必要になることは十分考慮する必要があります。**10-11**で解説する相続税評価の「小規模宅地等の評価減額」の適用もありますので、これを考慮するともっと多くの節税効果が見込めます。

184

第10章 ◆ 土地有効活用による税務上のメリット

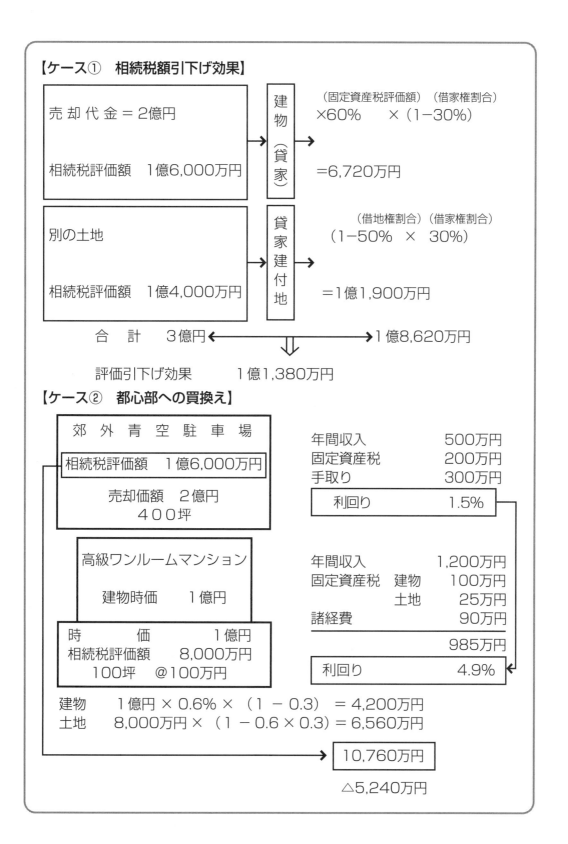

10-9 特定の事業用資産の買換え特例は課税の繰延べ

　事業用の農地を売却して収益物件や農地、農業用施設などに買い換えると譲渡所得税・住民税が大幅に安くなりますが、将来の税金が増えることになります。しかし、これはいわゆる課税の繰延べをしているにすぎません。

1 土地から土地への買換えは次に土地を譲渡したときに税金がかかる

　10-4の事例では、事業に利用している農地を1億円で譲渡して全額買換え特例の適用を受けたときに、本来の所得税・住民税合計の税金が1,800万円のものが、360万円になりました。8割の税金が課税されずに済んだわけです。農業に利用していた農地を譲渡して別の農業用の農地に買い換えても、賃貸用土地に買い換えても、必要な条件さえ満たせば同じように適用されます。しかし、買い換えた土地を将来売却したときには、今回課税されずに済んだ8割部分について課税されることになります。つまり、課税が繰り延べられたという結果になるわけです。買い換えた土地を売らない限りは課税されません。

2 減価償却資産に買い換えると徐々に課税される

　買い換えた資産が土地の場合には売らない限り、繰り延べられた部分に課税されませんが、事業用建物や構築物、機械などの減価償却資産に買い換えると、毎年徐々に課税されていくことになります。取得した減価償却資産の減価償却のもとになる取得価額について、実際に購入した金額ではなく、課税されなかった部分に対応する金額を取得価額に含めずに毎年の減価償却費を計算することになっているためです。結果として減価償却費が少なくなってしまいますので、その分所得が増えることになります。

　右ページの事例では、特例の適用を受けなかった場合には600万円だった減価償却費が、特例を適用したときは120万円しかありません。結果、課税所得が480万円も増加します。所得税・住民税合計の累進税率の適用税率が仮に30%だとすると、税額合計が144万円も多くなります。

3 その人の他の所得や今後の税率の推移を考慮して決める

　それでは、適用を受けた方がいいのか、受けない方がいいのか、どちらなのでしょう？そのときそのときの条件が異なりますので、個別にシミュレーションして決めるべきことですが、次の要点について検討する必要があるでしょう。

① 　**所得によっては税金が増える**……現状の長期譲渡所得税の税率は20%です。所得税・住民税合計の税率は課税所得金額（所得控除した後の金額）195万円を超えると20%を超えます。所得の多い方は確かにそのときには税金が安くつきますが、後から高い税金を払うことになりますので注意する必要があります。とりあえずの現金が必要不可欠な場合には仕方ありませんが。

② 　**将来売却するときの税率に気をつける**……譲渡所得税の税率は過去何度も変更されています。いちばん高かったときは所得税・住民税合計で39%でしたので、将来売却するときの税率が上がっていると損をします。

買換え特例適用の留意点

買換え資産の取得価額 … 減価償却費の計算の基
　　　　　=　　　　　　　　　　　　　=

| 譲渡資産の取得価額を引き継ぐ | … | わ　ず　か　し　か　な　い |

賃貸アパートの収入金額　　年　2,000万円
建物の償却年数　　　　　　34年　率0.03
その他の経費　　　　　　　年　　200万円

	特例適用なし	特例適用あり
収　入　金　額	2,000万円	2,000万円
減　価　償　却　費	600万円	120万円
そ　の　他　経　費	200万円	200万円
所　　　　　　得	1,200万円	1,680万円
税金（30%とする）	360万円	504万円

差額　144万円

【前提条件】

○2億円で譲渡して2億円の賃貸用建物を建設し、事業用資産の買換え特例を適用した場合と、しなかった場合

〔減価償却費の計算〕

・適用あり……20,000万円×0.03×$\frac{12}{12}$ ＝600万円

・適用なし……　4,000万円×0.03×$\frac{12}{12}$ ＝120万円

※わかりやすいように簡略化しています。実際の詳細な計算とは異なりますのでご了承ください。

10-10 居宅・賃貸住宅併用で小規模宅地の評価減額を上手に利用

　相続税の計算をするときの土地の評価の際に、居住用宅地については330㎡（平成26年12月31日までの相続開始については240㎡）部分について最大80％減額を受けることができる制度があります。この制度を上手に活用すれば、相続税対策として大きな効果があります。

1 特定居住用宅地等は330㎡まで80％評価減額

　農地を転用して賃貸住宅を建設したり、農地を売却して「特定の事業用資産の買換え特例」の適用を受けて賃貸住宅を取得したりするときに、その土地の所有者がその建物の一部に居住すると、その居住している建物の敷地の相続税評価計算上、一定の面積まではその評価額の80％を減額することができます。特定居住用宅地等に該当すれば最高330㎡まで80％を減額してもらえます。これを上手に活用すれば、大変な節税が可能になります。

2 誰がどんな条件で取得すると適用を受けることができるか？

　特定居住用宅地等になるかならないかは、誰が居住していたのか、誰がこれらの居住用地を引き継いだのか、その後どのように利用するかによって適用の可否が判定されます。例えば、別々に暮らしてきた親子が一緒に暮らし始めるのも「小規模宅地等の評価減額」の特例を上手に活かすことになるわけです。

3 賃貸住宅と自宅の併用住宅は敷地のうち居住用部分に対応する面積だけ適用される

　平成22年3月31日までの相続開始については、自宅を建て替えるときに賃貸住宅との併用住宅を建てると、その敷地全体が特定居住用宅地等の評価減額の適用を受けることができました。4階建ての賃貸ビルを建てて、その4階を自宅にし、1階から3階までを賃貸住宅にしたとしますと、土地の評価をする際に面積按分した賃貸住宅部分については貸家建付地、建物の賃貸部分は貸家となって評価が下がります。その上、その敷地全体について特定居住用宅地等の軽減特例の適用を受けることができたのですから大変有利でした。

　しかし、平成22年4月1日以後の相続開始からは4階建で各フロアの面積が同じだとすると、敷地のうち4分の1だけが適用対象となりました。

　なお、この制度は相続税の申告期限までに分割が完了していなければ適用されませんので、財産分けでもめないようにしておくことも大事な生前対策です。

第10章 ◆ 土地有効活用による税務上のメリット

1. 居住用宅地等の小規模宅地評価減額割合

区　　分	減額割合
居住用地　特定居住用宅地等	330㎡※まで80％減額

※平成26年12月31日までの相続開始分については240㎡

2. 特定居住用宅地等の要件

被相続人か、被相続人と生計を一にしていた親族の居住に供していた家屋の敷地（宅地）
↓
特定居住用宅地等

① 配偶者が取得した場合
② 被相続人と同居していた親族が申告期限まで引き続いて居住している場合
③ ①及び②の者がいない場合で、一定の場合
④ 被相続人と生計を一にしていた親族が相続開始前から申告期限まで自己の居住の用に供している場合

＜特定居住用宅地等の例＞（この他にも様々なケースがあります）

a. 配偶者が取得した場合

（相続開始直前）　　　相続　　　　　　　　申告期限
被相続人の居住用　→　（用途を問わない）
被相続人が保有　　→　配偶者が取得

b. 同居親族が取得した場合

（相続開始直前）　　　相続　　　　　　　　申告期限
被相続人の居住用（同居親族有）　→　同居親族が居住を継続（注）　→ ○居住継続
被相続人が保有　→　居住継続親族が取得（注）　→ ○保有継続

（注）申告期限前に居住する親族が死亡した場合には、その死亡の日まで居住を継続し、かつ、保有を継続すれば適用があります。

3. 賃貸併用住宅の取扱い

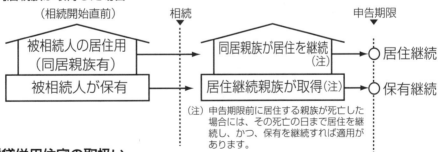

4階　特定居住用
3階　賃貸住宅
2階　賃貸住宅
1階　賃貸住宅
被相続人が所有する土地

→ 敷地面積 × $\dfrac{\text{居住用部分の面積}}{\text{総床面積}}$ が特定居住用宅地等

10-11 特定事業用宅地等の大きな評価減額を活用する

　農業の用に供している土地を相続によって取得した事業用地について「小規模事業用宅地等についての課税価格の計算の特例」を受けることができ、最大400㎡まで80%減額することができます。

1 特定事業用宅地等は400㎡まで80%減額

　相続によって取得した事業用地についても、相続税の計算に際して「小規模事業用宅地等についての課税価格の計算の特例」を受けることができます。特定事業用宅地等に該当すれば最大400㎡まで80%減額され、不動産貸付用宅地等（貸付事業用宅地等といいます）に該当すれば200㎡まで50%減額されます。事業又は事業に準ずる農業の用に供している農業用倉庫用地、ハウス栽培用建物などの敷地は特定事業用宅地等として400㎡まで80%減額の対象となります。**10-10**の特定居住用宅地等としての330㎡の規定の適用と、特定事業用宅地等としての400㎡の規定の適用は、平成27年1月1日以後の相続開始分から両方を完全併用して最大730㎡まで適用できます。ただし、貸付事業用宅地等について適用を受ける場合には完全併用できず、適用面積について一定の調整計算が必要になります。

2 誰がどんな条件で取得すれば適用を受けることができるのか?

　特定事業用宅地等、特定同族会社事業用宅地等については、誰が事業に従事していたのか、誰がそれらの宅地等を引き継いだのか、その後どのように利用するかなどによって、右ページ図のように適用関係が異なります。

3 工夫して上手に利用しよう

　相続開始前に同居の親族が医者を開業するとか、新たに事業を始めようとしているなら、この特例を活かすまたとないチャンスです。時価の高い自用地で事業を始め、相続開始後も事業を継続するのであれば、評価額はあっという間に下がります。また、出資割合が50%未満の同族会社が土地を利用している場合には、特定同族会社事業用宅地等に該当しませんが、事前に親族等から株式を取得して50%以上になるようにしておけば、400㎡まで80%の評価減額を受けることが可能となる場合があります。

4 別居している親子が同居することで大幅な節税も

　農業を営む父親と、その農業に従事している子が、別居している場合について考えてみましょう。330㎡を超える敷地の父親が住む家屋で子は育ちましたが、結婚を機に分譲マンションを自身で1戸購入して住んでいます。子は毎日父とともに400平方メートルを超える農業用倉庫や作業場で従事しています。両方の敷地を保有する父に相続が起きたときの小規模宅地等の特例の適用は、特定事業用宅地等については要件を満たしており適用を受けることができますが、特定居住用宅地等については適用要件を満たさないため適用を受けることができません。父の生前に子が家族とともに父親の住む家屋で同居すれば完全併用で最大730㎡まで80%減額の適用を受けることができます。

1. 事業用宅地等の小規模宅地等の評価減額割合

区　　　　分		減額割合
事業用地	特定事業用宅地等 特定同族会社事業用宅地等	400㎡まで80％減額
	貸付事業用宅地等	200㎡まで50％減額

2. 特定事業用宅地等の要件

被相続人か、被相続人と生計を一にしていた親族の事業用に供していた家屋の敷地（宅地）

↓

特定事業用宅地等

① 被相続人が営んでいた事業を申告期限まで引き続き営んでいる場合
② 被相続人と生計を一にしていた親族が相続開始前から申告期限まで自己の事業用に供している場合

＜特定事業用宅地等の例＞（この他にも様々なケースがあります）

A．被相続人の事業の用に供されていた宅地等

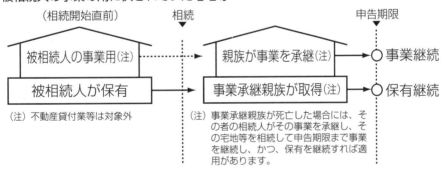

B．被相続人と生計を一にする親族等の事業の用に供されていた宅地等

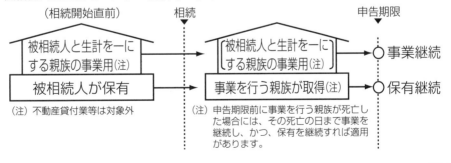

10-12 定期借地権で土地を貸すと
長期安定収入とともに土地評価が下がる

　農地を宅地転用した土地を定期借地権で賃貸すると、土地の評価額が一定の割合で下がります。借入金をしたくない方の有効活用策として、土地の相続税評価引下げ効果と共に安定収入確保の方法として一考の余地があるでしょう。

1 定期借地権のしくみとその現状

　平成4年8月1日から施行されている改正借地借家法で導入され、すっかり定着した定期借地権ですが、当初不安がられた「賃貸借期間が法律で確定しているといっても大丈夫か?」という点も実際に契約期間が満了し、何の問題もなく契約期間が終了したり、再契約されたりしているため、最近はそのような不安を口にする方もなくなりつつあるようです。制度としては「一般定期借地権」「建物譲渡特約付借地権」「事業用借地権」「事業用定期借地権」の4種類があります。事業用借地権及び事業用定期借地権は、交通量の多い幹線道路沿いの立地条件で、いわゆる「ロードサイド店舗」として外食産業や各種ディスカウントショップ、レンタルショップなどを手がける事業者が、この制度を利用して土地を賃借して事業展開をしています。

　一般定期借地権についても、居住用建物の所有を目的とした敷地を利用するためや、大型複合商業施設として利用するため、定期借地権で賃借した土地で賃貸住宅経営をしたり、定期借地権付分譲マンション事業をしたりと様々な手法が取り入れられています。

2 定期借地権で貸した土地の相続税評価は下がる

　定期借地権で貸した土地の相続税評価は、賃貸開始当初は右ページ**図表1**「一般定期借地権が設定された時点の底地割合」にありますように大きく下がります。例えばD地区の場合には、50年の一般定期借地権設定時点では更地評価額の60%で評価されます。しかし、定期借地権は契約期間が満了すると契約が終了し、土地は返還されますので、徐々にこの権利はゼロに近づいていきます。そこで**計算式1**のように、毎年徐々に評価が引き上げられていくことになります。

　建物譲渡特約付借地権や事業用借地権、事業用定期借地権及び一般定期借地権のうち、A地域・B地域、そして同族関係者等に対するものは、原則として**計算式2**のように評価することとされています。計算式2で計算した金額を更地評価額から差し引いた金額が評価額となります。

3 農業を続けることはできないが、売りたくない、借金したくない方に向く

　後継者がいないために農業を続けることができなくなり、生産緑地を外さざるをえなくなった。固定資産税が高くなり、有効活用せざるをえないけれども、土地を売りたくない、借金はしたくないという方にとっては、固定資産税は安くなり、長期安定収入が手にでき、しかも相続税評価額が下がるので一つの活用方法といえるでしょう。

第10章◆土地有効活用による税務上のメリット

4つの定期借地権

項目＼種類	一般定期借地権	建物譲渡特約付借地権	事業用定期借地権	事業用定期借地権
存続期間	50年以上	30年以上	10年以上30年未満	30年以上50年未満
目　的	制限なし	制限なし	事業用のみ	事業用のみ
契約方式	公正証書等	定めなし	公正証書	公正証書
契約の更新	排除特約　可	任意	契約更新ができる規定の適用なし	排除特約 必須
特　約	建物の築造による存続期間の延長を排除　可 建物買取請求権の排除　可	30年経過後建物を売却する旨を定める　可	"建物の築造による存続期間の延長を求めることができる規定"および"建物を買い取ることを請求できる規定"の適用なし	建物の築造による存続期間の延長を排除　可 建物買取請求権の排除　可
返　還	更地で返還が原則	建物を地主に譲渡	更地で返還	更地で返還が原則
考えられる用途	住宅地・堅固な建物の商業施設	商業地 住宅地	いわゆるロードサイド店舗等	クリニックモール・地主複合型ロードサイド店舗・大型ショッピングセンター等

図表1
一般定期借地権の底地評価

路線価図の地域区分	普通借地権割合	一般定期借地権が設定された時点の底地割合Ⓓ
C地域	70%	55%
D地域	60%	60%
E地域	50%	65%
F地域	40%	70%
G地域	30%	75%

【計算式1】　A＝自用地の相続税評価額（B）－一般定期借地権相当額（C）
　　　　　　C＝（B）×（1－底地割合（D））×逓減率

$$逓減率 = \frac{課税時期におけるその一般定期借地権の残存期間年数に応じる基準年利率の複利年金現価率※}{一般定期借地権の設定期間年数に応じる基準年利率の複利年金現価率※}$$

※複利年金現価率は残存期間に応じて、2課税期間ごとに基準年利率が変更されます。

【計算式2】　底地評価額＝自用地の相続税評価額×（1－下表の減額割合）

図表2
定期借地権の減額割合

残存期間	自用地評価額に対する減額割合
5年以下	5%
5年超10年以下	10%
10年超15年以下	15%
15年超	20%

10-13 収入分散による相続財産の減少メリット

　農地を転用して有効活用するときに、単なる駐車場用地や定期借地権用地の場合には、土地所有者の所得にしかできません。建物を建てて賃貸するときには、その所有者を他の親族にすれば収入を合法的に移転できます。

1 有効活用の収入を土地所有者に貯めると結果的に相続財産を増やす

　農地を転用して、その土地を青空駐車場や定期借地権などで賃貸すると、その収入は土地所有者のものになります。毎年の税引後の手取り収入は、生活費で使ってしまわない限り財産として残っていき、その残った現金預金などの資産は相続財産として相続税が課税されてしまいます。土地所有者の方が若くて元気であればあるほど、収入を長期的に他の親族に分散していくことが対策として重要になります。

2 収入分散の方法は慎重に

　高齢な土地所有者の青空駐車場収入を、その募集から、契約、集金、計算、申告までのすべてについて、土地所有者以外の、その方の配偶者や息子さん、息子さんのお嫁さんなどの親族が行っているからと、これらの方の所得として申告しているケースを時々見かけます。しかし、収入のもとになる土地の所有者はあくまでも土地の名義人ですので、申告は土地所有者の所得としてしか認められません。

3 建物の所有者を土地所有者以外の親族にする

　そこで考えられるのが、賃貸建物の名義を配偶者や息子さんなどにする方法です。そうすることによって収入を土地所有者のものではなく、その相続人のものにすることができ、収入が土地所有者に集中することによる相続税の増加を防ぐことができます。相続人の方がそのようにして貯めた資金を相続税の納税資金に充てることができます。

4 長期対策として考える

　先に触れましたように、相続税額引下げ対策としてはあくまで土地所有者名義で賃貸建物を取得した方が有利です。その意味で、短期対策としては土地所有者名義での取得が有利です。ところが、土地所有者がまだまだ元気で若いときには長期間の対策を考える必要があるわけで、そのようなときには建物名義を相続人の方にすると長期的に収入を移転できるため有利になるわけです。もっとも、寿命はどうしようもありませんので、ここはある程度割り切らざるをえません。

5 注意点も多くある

　建物の建築資金をある程度相続人が出さないと、この話は成り立ちません。全額借入金では経営上もよくありませんし、元利返済で本来の資金移転の目的であるお金があまり残らなくなります。また、土地所有者の上に親族が賃貸建物を建てる場合には、地代を支払わない方法としていることが多く、その場合にはその土地の評価が貸家建付地ではなく自用地評価となりますので、評価対策上は不利になります。

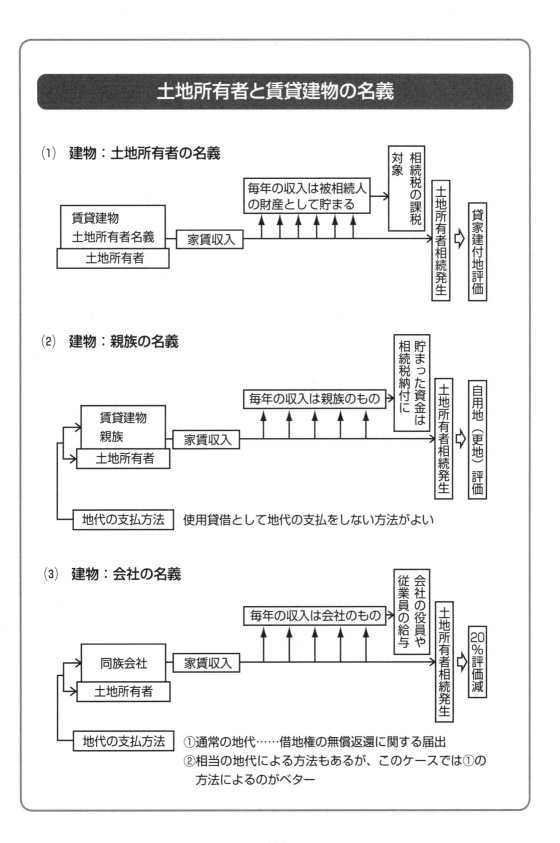

10-14 会社活用は長期収入分散の方法としてよい

　賃貸建物を建てる場合に、土地所有者が元気で若い場合には、収入移転対策として会社を設立してこの会社で建てると、収入分散がしやすくなります。専従者給与による所得分散より有利になることもあります。

■1 専従者給与でもそれなりにメリットが

　土地所有者の方が亡くなった後から相続税の申告のお手伝いをすることもよくありますが、そのときに結構多いのが不動産所得の計算上、配偶者の方を青色事業専従者にしていなかった事例です。結婚以来ずっと専業主婦の方の場合には、その方自身のご両親の相続による財産承継や、生前にキチンと合法的に財産を贈与されていない限り、その専業主婦の方名義の預金はないはずです。通常、土地所有者の配偶者や親族の方は、不動産の管理や集金、資金管理、会計帳簿の作成などをされておられることが多く、その場合には届出をすれば専従者給与を受けることができます。この方法でも所得分散ができます。

■2 親族名義よりも会社が賃貸建物を取得した方がよい

　先に述べましたように長期対策の場合には、親族名義で賃貸建物を取得することも良い収入分散の方法です。しかし、会社を設立してその会社が賃貸建物を取得すると、親族名義で取得するよりも様々な面で有利になります。右ページにそのメリット・デメリットをまとめましたが、①扶養親族の方に給与を支払うにはもっぱらその事業に従事している必要がありますが、会社の役員はその経営に従事していれば他に仕事があっても役員給与を支払える、②相続発生後に被相続人所有の土地をその法人が購入すると、譲渡所得税を負担せずに法人に土地を移すことができる場合もある等、その活用の仕方によっては非常に有用です。

■3 会社が建物を取得するときには地代が問題に

　個人の土地を借りて会社が建物を建てる場合には、借地権と地代の問題があります。通常、他人に土地を貸すときには権利金の支払を受けるか、定期借地権で契約期間満了時に建物を取り壊して更地の返還を受ける契約をするかをします。以前によくあった「土地を貸したらいつの間にか土地の半分以上の権利をとられてしまった」といったことのないように注意する必要があります。個人と同族会社との間ではこのような心配はありませんので、税務上一番有利にしようと考えられる方もおられますが、通常と同じような契約をしておかないと、権利金の認定課税という税務上の問題が発生します。会社が土地所有者から土地を借りて所得の分散をはかろうとする場合には、このような点に十分注意する必要があります。

■4 会社の出資金は後継者が出す

　会社設立の際の資本金・出資金は、相続税対策を考えると通常土地所有者ではなく、後継者の方にするのが有利です。

親族で取得か会社で取得か？メリット・デメリット！

	親　族	会　社
収入分散容易性	建物所有者以外の扶養親族に給与として支払うには専らその事業に専従しなければならない	会社の役員として経営に従事していれば役員給与を支払える
土地の評価	自用地	通常地代・借地権の無償返還方式でも20％減額
銀行借入で土地を会社に売却すると有利	利用できない	被相続人の土地を相続発生後に会社が買い取ると譲渡所得税がかからずに土地を会社名義にできる。資金は銀行から借入れる。延納と同じ効果で利息を費用化にできる

会社を作らなくても専従者給与で収入分散

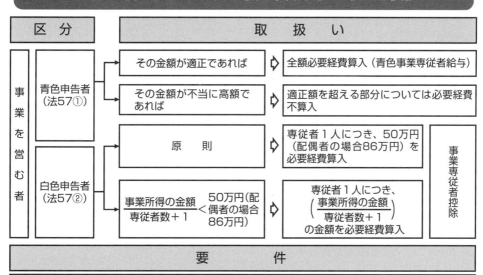

要　件

①納税者と生計を一にする配偶者その他の親族であること

②その年12月31日現在（事業専従者又は納税者が年の中途で死亡した場合には、それぞれ死亡当時）で年齢が15歳以上であること

③その年を通じて6ヶ月を超える期間、納税者の経営する事業に専ら従事していること

10-15 会社が賃貸建物を取得する場合の地代の決め方

　相続税対策の一環として、会社を設立して賃貸建物を会社が建てるときの地代や権利金をどのように決めるかは、将来の地価動向を検討して決める必要があります。また、権利金については支払わない方法とするしかありません。

1 相当地代方式は地価上昇時の対策

　会社が土地所有者から土地を借りて建物を取得したときに、地代を「相当の地代」に設定し、地価の上昇を前提として、その地代を変更せずにいわゆる「自然発生借地権」を発生させ、土地所有者の持っている土地の評価を大幅に低くするという方法が平成元年前後にたくさん実行されました。これは税務上の取扱通達の規定からくるもので、地価が下落している現状では、この当時に実行された事例で結果的に今評価すると、ほとんど効果がないケースが圧倒的に多くなっています。

2 土地所有者が高額所得者の場合には不利に

　相当地代方式の地代は、通常支払われる地代と比較すると3〜4倍程度と非常に高くなります。土地所有者の方がほかに不動産所得や給与所得などで多くの所得がある場合、高い給料を支払うと所得税・住民税が大幅に高くなります。

　土地の相続税評価を低くするために高い所得税・住民税をわざわざ払って、その結果、相続税評価額があまり下がらなかったということになっては意味がありません。

3 通常地代で「無償返還の届出」を

　そこで最近多いのが通常の地代を支払い、「土地の無償返還に関する届出書」を提出する方法です。こうしますと権利金の授受をしなくとも権利金の認定課税がありません。もちろん土地所有者と土地を借りる会社との間で、土地賃貸借期間が終了したときに無償で土地を返還するという内容の「土地賃貸借契約書」を締結する必要があります。定期借地権による契約を土地所有者と会社が締結しても、結果的に「無償返還の届出」を出したことと同じになります。定期借地権による契約は、契約期間満了時に無償で土地を返還することとされています。

4 通常の地代は世間相場による

　通常の地代は、その土地を第三者に賃貸する場合に通常支払う地代とします。第三者への地代相場の事例がよくわからない場合には、右ページの算式で計算した金額を通常地代としてもよいことになっています。

5 土地評価は20％減額

　「無償返還の届出」をしていても、あるいは定期借地契約をしていても、同族会社が土地所有者から賃貸している土地を評価するときには、自用地評価額から借地権割合として20％控除して評価することとされていますので、土地の評価だけを考えると、土地所有者が自ら賃貸住宅を建てた場合の「貸家建付地」としての評価とほぼ同じ効果があります。

第10章◆土地有効活用による税務上のメリット

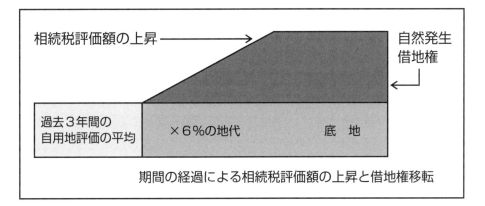

10-16 賃貸物件の取得で消費税の還付を受けることができる場合も

　店舗等の賃貸建物を取得したときには消費税が課税されています。この消費税を還付してもらえることが場合によってはあります。従来から消費税の課税事業者かどうか、簡易課税の特例の適用を受けているかいないかなどの条件によって違います。

1 賃貸住宅を取得したときに払った消費税を返してもらえる?

　消費税がかかる収入（「課税売上げ」といいます）によって預かった消費税の額より、消費税を支払った仕入れ（「課税仕入れ」といいます）によって支払った消費税の額が多いときには、その多い部分の消費税額を一定の条件と手続で返してもらうことができます。これは消費税の課税事業者で、本則課税の適用事業者に限られています。2年前（会社の場合には2期前）の課税売上高が1,000万円未満であるなどの要件を満たす場合には免税事業者ですので還付を受けることはできませんし、仮に課税事業者であっても、簡易課税の選択適用を受けている場合は還付を受けることができません。

2 計算例（消費税率8%の例）

　右ページの表は、一課税期間の課税売上金額が1,900万円、非課税売上金額が100万円、合計2,000万円で、課税される経費が300万円、非課税の経費が100万円、合計400万円、9,000万円の賃貸用建物を取得した場合の消費税の計算です。課税売上割合がこの場合には、1,900万円÷2,000万円≧95%ですので、課税売上高が5億円以下の場合は全額控除できることになります。そうすると152万円－24万円－720万円＝592万円となり、592万円が還付されます。

3 免税事業者は課税期間開始の前日までに「課税事業者選択届出書」を

　免税事業者が建物取得を予定しているような場合には、建物を取得しようとする課税期間の開始の日の前日までに、「課税事業者選択届出書」を所轄税務署長に提出すれば還付を受けることができます。ただし、免税事業者がいったん課税事業者を選択すると、2年間は免税事業者となることができませんので注意してください。

4 簡易課税適用中の事業者は「簡易課税制度選択不適用届出書」を

　簡易課税を適用している事業者が、建物取得などの予定がある場合には、建物を取得しようとする課税期間の開始の日の前日までに、「簡易課税制度選択不適用届出書」を所轄税務署長に提出すれば還付を受けることができます。簡易課税についてもいったん選択すると、2年間は取りやめることができませんので注意してください。

5 課税売上割合が大幅に変動したときは注意

　消費税の還付を受けた後に課税売上割合が大幅に変動した場合には、課税仕入の調整計算が必要になります。不動産賃貸業の場合には、非課税売上になる居住用賃貸住宅を取得して、非課税売上が急に増えたりするとその対象になる可能性があります。しかし、その場合でも課税期間の短縮と簡易課税の選択適用で上手に節税できることもあります。

第10章◆土地有効活用による税務上のメリット

課税売上げより課税仕入れが多いと消費税が還付

課税売上げにかかる消費税より課税仕入れにかかる消費税が多い場合

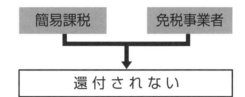

（単位：万円）

	課　税	非課税	合　計	消費税
賃貸料収入	1,900	100	2,000	152
課税される経費合計	300	100	400	△24
賃貸用建物取得	9,000		9,000	△720
			差引	△592

還付を受けるためのチェック

1 本則課税を適用しているかどうか……ＯＫ

2 課税売上割合≧95％、かつ……全額控除ＯＫ
　　課税売上高≦5億円

3 課税期間を短縮すると有利になることもある

4 正確な記帳と帳簿及び請求書等の保存が条件

10-17 消費税の還付を受けるには様々な条件がある

　消費税の還付を受けるためには本則課税の適用者でなければならず、その場合には帳簿の適正な記帳と請求書等の保存義務があります。いずれか一方が欠けると仕入税額控除が適用されず、還付どころか納付しなければならなくなります。

❶ 適正な帳簿への記載と請求書等の保存

　本則課税において、課税仕入れの税額控除を受けるためには「会計帳簿への適正な記帳」と「請求書等の整理保存」の両方が適正に行われていなければなりません。いずれか一方が欠けただけでも仕入税額控除の適用が否認され、還付を受けるどころか、適正に処理していたときと比較すると多くの消費税の納税が必要になります。

❷ 帳簿の記載事項

　帳簿には、次の4つの事項を記載する必要があります。

　①相手先の氏名又は名称　②取引の年月日　③資産又は役務の内容　④取引の金額

❸ 請求書等の記載事項

　次の事項が記載された請求書、納品書、仕入計算書、仕入明細書、領収書など取引の原始証票の保存が必要です。

　①取引先の氏名又は名称　②取引の年月日　③資産又は役務の内容
　④取引の金額　⑤書類の交付を受ける当該事業者の氏名又は名称

　要するに「上様」と書かれた領収書等は、原則として認められないということです。

❹ 「上様」伝票でも認められる場合

　1回の取引の課税仕入れに係る支払対価の額の合計額が税込で3万円未満の場合や、3万円以上であっても次のような「やむをえない理由」がある場合には、「上様」伝票でも仕入税額控除をすることができます。

【やむをえない理由】

① 自動販売機で購入した場合

② 入場券、乗車券、航空券等これらの証明書類が発行者により回収される場合

③ 請求書等の交付を請求したが、交付を受けられなかった場合

④ 課税期間末日までに支払額が確定していない場合（この場合は、金額が確定したときに請求書等の交付を受けます。）

⑤ ①～④に準ずる理由で交付を受けられなかった場合

❺ 保存期間

　これらの帳簿や請求書等は原則として、その課税期間の確定申告期限の翌日から7年間保存する必要があります。もっともいずれか一方を7年間保存していると、もう一方は5年間でよいという特例措置があります。

第10章◆土地有効活用による税務上のメリット

帳簿及び請求書等の記載と保存要件

●消費税法における帳簿及び請求書等の保存期間

原則 その課税期間の確定申告期限の翌日から7年間

特例
・帳簿を7年間保存する場合は、請求書等の保存は5年でよい
・請求書等を7年間保存する場合は、帳簿の保存は5年でよい

【参考】
※商法では「商人は10年間その商業帳簿及びその営業に関する重要な資料を保存することを要す」と定められています。

●帳簿の記載事項

① 取引の相手先の氏名又は名称
② 取引の年月日
③ 資産又は役務の内容
④ 取引の金額

●請求書等の記載事項

① 取引の相手先の氏名又は名称
② 取引の年月日
③ 資産又は役務の内容
④ 取引の金額
⑤ 書類の交付を受ける当該事業者の氏名又は名称

（注）請求書等とは、請求書・納品書・仕入計算書・仕入明細書・領収書などのことをいいます。

●請求書等の保存がなくても仕入税額控除が認められる場合

(1) 1回の取引の課税仕入れに係る支払対価の額の合計額が3万円未満(税込)の場合
(2) 1回の取引の課税仕入れに係る支払対価の額の合計額が3万円以上(税込)であっても「やむをえない理由」がある場合（ただし、これらの場合には、帳簿にその事由と仕入先の住所を記載しておく必要があります。）

【やむをえない理由】とは

① 自動販売機で購入した場合
② 入場券・乗車券・航空券等、課税仕入れの証明書類が発行者により回収される場合
③ 請求書等の交付を請求したが交付を受けられなかった場合
④ 課税期間末日までに支払額が確定していない場合（この場合は、金額が確定したときに請求書等の交付を受け、保存します。）
⑤ ①～④に準ずる理由で交付を受けられなかった場合

があげられます。

10-18 還付を受けても3年間は注意

　100万円以上の固定資産を購入した場合には、購入した課税期間から3年経過するまでの間に課税売上割合が50%以上変動すると、仕入税額控除の調整をして、消費税の返還をしなければならなくなることもあります。

■ 100万円以上の固定資産を購入すると仕入税額控除の調整

　100万円以上の固定資産を購入した課税期間から3年経過するまでの間に、課税売上割合が50%以上変動した場合には、仕入税額控除の調整が必要になります。不動産賃貸業で賃貸用建物を取得して仕入税額控除を受けていたような場合には、まさにこれに該当することになります。

■ 仕入税額控除の調整計算

　仕入税額控除の調整計算は、対象となった資産、例えば購入建物にかかった消費税に通算課税売上割合をかけたものと、その資産購入時の課税売上割合をかけたものとの差額を控除対象仕入税額に加減算することによって行います。この通算課税売上割合は、通常の課税売上割合を計算する方式で3年間合計して計算します。

■ 平成22年4月1日以降は調整が必要に

　還付を受けた後に簡易課税選択適用届出書か課税事業者選択不適用届出書を提出すると、仕入税額控除の調整計算をする必要がありませんでしたが、平成22年4月1日以降は調整対象固定資産を取得した日から3年間はこれらの届出書を出すことができない、あるいは出してもこれらの適用がなくなりました。つまり、課税売上割合が50%以上変動した場合には、仕入税額控除の調整計算をして、還付を受けた消費税の一部を再度納税しなければなりませんのでご留意ください。

■ 3年間の事業者免税点制度及び簡易課税制度適用不可

　平成28年4月1日以後に高額特定資産の仕入れ等を行った場合について、「高額特定資産の仕入れ日等の属する課税期間から当該課税期間の初日以後3年を経過する日の属する課税期間までの各課税期間においては事業者免税点制度及び簡易課税制度は適用されない」こととされました。

■ 高額特定資産の定義

　ここでいう高額特定資産は、一取引単位につき支払対価の額が1,000万円以上の棚卸資産又は調整対象固定資産（注）をいいます。また、自ら建設等をした資産については建設等費用が税抜1,000万円以上となります。

　（注）　「調整対象固定資産」とは、棚卸資産以外の資産で、建物及びその附属設備、構築物、機械及び装置、船舶、航空機、車両及び運搬具、工具、器具及び備品、鉱業権その他の資産で、一の取引単位の価額（消費税及び地方消費税に相当する額を除いた価額）が100万円以上のものをいいます。

第10章◆土地有効活用による税務上のメリット

消費税の還付を受ける際の注意点

100万円以上の固定資産購入

▼

本則課税による仕入税額控除適用

▼

３年間経過するまでの間に

▼

課税売上割合が５割以上変動

▼

仕入税額控除の調整要
すでに受けた仕入税額控除の一部を調整して加減算する

【不動産賃貸業の場合に当てはめてみると……】

賃貸集合住宅を取得

▼

倉庫等の課税売上があると還付されることもある

▼

その後、課税売上割合が５割以上変動する場合

▼

すでに受けた仕入税額控除の調整計算必要あり

10-19 個別対応か？ 一括比例配分か？ よく検討する

　消費税の還付を受ける場合には、２つある仕入税額控除の方法のうち、有利な方を選択する必要があります。個別対応方式と一括比例配分方式ですが、賃貸住宅を取得した場合には通常一括比例配分方式を選択した方が有利です。

■1　非居住用の賃貸事業用資産を取得した場合

　課税売上割合が95％未満となる中で、倉庫などの非居住用の賃貸事業用資産を取得した場合、一括比例配分方式を選択すると、仕入税額控除できる金額は「仕入れにかかる消費税×課税売上割合」となり、課税仕入れにもかかわらず、その消費税が按分計算され、全額控除されません。しかし、個別対応方式を選択すれば、課税売上げに対応する部分の課税仕入れの消費税は全額控除されますので非常に有利となります。次のケースの場合、個別対応方式による控除対象仕入税額の金額は、次の計算のようになります。

(1)　事例：課税仕入高（税込）の内訳（消費税率は8％としています）

①　倉庫や駐車場の売上げ（課税売上げ）に対応する課税仕入高 64,800,000円

②　アパートやマンションの売上げ（非課税売上げ）に対応する課税仕入れ 10,800,000円

③　①と②に共通する課税仕入高 8,640,000円

計 84,240,000円

課税売上割合＝40％とする

(2)　課税売上げにのみ要する課税仕入れの税額　64,800,000円×8/108＝4,800,000円

(3)　非課税売上げにのみ要する課税仕入れの税額　10,800,000円×8/108＝ 800,000円

(4)　課税・非課税共通して要する課税仕入れの税額　8,640,000円×8/108＝ 640,000円

(5)　個別対応方式による控除対象仕入税額　　　(2)＋(4)×40％＝ 5,056,000円

■2　居住用の賃貸事業用資産を取得した場合

　アパート、マンション等の居住用の賃貸事業用資産を取得した場合、■1と同様、個別対応方式を選択すれば、その課税仕入れにかかる消費税額の全額が非課税売上げに対応することになり、その仕入税額は控除されません。しかし、ここで一括比例配分方式を選択すると、一部仕入税額控除できるので有利です。なぜなら、非課税売上げに対応する仕入れにもかかわらず、課税売上割合に相当する金額が仕入税額控除されるからです。したがって、アパート等を取得した場合で仕入税額控除を受ける方は、一括比例配分方式の選択を考慮してください。

■3　一括比例配分方式から個別対応方式への変更制限

　個別対応方式から一括比例配分方式への変更はいつでもできます。しかし、一括比例配分方式から個別対応方式への変更は、その方法を採用した課税期間の初日から以後２年間経過しないと変更できないことにご注意ください。

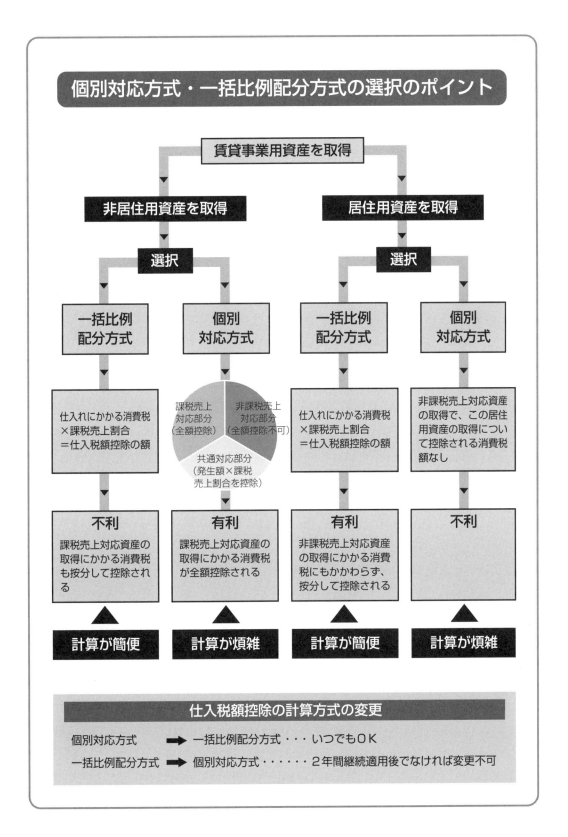

著者紹介

税理士 **今仲　清**（いまなか　きよし）

- 1984年　税理士事務所開業
- 1988年　㈲経営サポートシステムズ設立
- 2013年　税理士法人　今仲清事務所・代表社員
- 現在、不動産有効活用・相続対策の実践活動を指揮しつつ、セミナー講師として年間100回にものぼる講演を行っている。
- 一般財団法人都市農地活用支援センター・アドバイザー
- 公益財団法人区画整理促進機構・派遣専門家
- NPO法人近畿定期借地借家権推進機構・特別顧問

【主な著書】

『不動産保有会社活用のすすめ』『固定資産税 知ってトクするしくみと対策』『Q＆A土地有効活用による節税対策』（清文社）『すぐわかるよくわかる税制改正のポイント』『中小企業の事業承継戦略』（TKC出版）『新しい都市農地制度と税務』（ぎょうせい）など。

〈事務所〉
〒591-8023　堺市北区中百舌鳥町5-666
㈱経営サポートシステムズ
税理士法人今仲清事務所
http://www.imanaka-kaikei.co.jp/

税理士 **下地　盛栄**（しもじ　せいえい）

- 1978年　税務会計事務所開業
- 1986年　㈱コンサルティング多摩設立
- 1994年　都市農家税務対策研究会　代表
- 2001年　生産緑地研究会　代表
- 農協の顧問税理士として、主に都市農家を対象とする税務申告、資産活用及び相続対策の実務に取り組み、農協その他での講演活動を行っている。

【主な著書】

『崩壊する都市農家』、『都市農家が直面する課題とその対策　Q＆A』、『土地活用講座（共著）』『生産緑地と税金』など。

〈事務所〉
〒185-0032　東京都国分寺市日吉町3-13-6
下地税務会計事務所
㈱コンサルティング多摩
http://www.shimoji-kaikei.jp/

四訂版

図解　都市農地の特例活用と相続対策

2019年2月1日　発行

著　者　　今仲　清／下地 盛栄 ©

発行者　　小泉 定裕

発行所　　株式会社 清文社

東京都千代田区内神田１－６－６（MIFビル）
〒101-0047　電話 03(6273)7946　FAX 03(3518)0299
大阪市北区天神橋２丁目北２－６（大和南森町ビル）
〒530-0041　電話 06(6135)4050　FAX 06(6135)4059
URL http://www.skattsei.co.jp/

印刷：㈱廣済堂

■著作権法により無断複写複製は禁止されています。落丁本・乱丁本はお取り替えします。
■本書の内容に関するお問い合わせは編集部までFAX(06-6135-4056)でお願いします。
■本書の追録情報等は、当社ホームページ（http://www.skattsei.co.jp）をご覧ください。

ISBN978-4-433-62548-1